MUDANÇA CLIMÁTICA
FORECAST

Preencha a **ficha de cadastro** no final deste livro
e receba gratuitamente informações
sobre os lançamentos e as promoções da
Editora Campus/Elsevier.

Consulte também nosso catálogo
completo e últimos lançamentos em
www.elsevier.com.br

Stephan Faris

MUDANÇA CLIMÁTICA
FORECAST

As alterações do clima e as consequências diretas em questões morais, sociais e políticas

Prefácio
Paulo Artaxo
Professor do Instituto de Física da USP

TRADUÇÃO
Ana Beatriz Rodrigues

Do original: *Forecast*
Tradução autorizada do idioma inglês da edição publicada por Henry Holt and Company, LLC
Copyright © 2009 by Stephan Faris

© 2009, Elsevier Editora Ltda.

Todos os direitos reservados e protegidos pela Lei nº 9.610, de 19/02/1998.

Nenhuma parte deste livro, sem autorização prévia por escrito da editora, poderá ser reproduzida ou transmitida sejam quais forem os meios empregados: eletrônicos, mecânicos, fotográficos, gravação ou quaisquer outros.

Copidesque: Shirley Lima da Silva Braz
Revisão: Edna Cavalcanti e Roberta Borges
Editoração Eletrônica: Estúdio Castellani

Elsevier Editora Ltda.
Rua Sete de Setembro, 111 – 16º andar
20050-006 – Centro – Rio de Janeiro-RJ – Brasil
Telefone: (21) 3970-9300 Fax: (21) 2507-1991
E-mail: info@elsevier.com.br
Escritório São Paulo
Rua Quintana, 753/8º andar
04569-011 – Brooklin – São Paulo – SP
Tel.: (11) 5105-8555

ISBN 978-85-352-3049-9
Edição original: ISBN 978-0-8050-8779-6

Nota: Muito zelo e técnica foram empregados na edição desta obra. No entanto, podem ocorrer erros de digitação, impressão ou dúvida conceitual. Em qualquer das hipóteses, solicitamos a comunicação à nossa Central de Relacionamento, para que possamos esclarecer ou encaminhar a questão.

Nem a editora nem o autor assumem qualquer responsabilidade por eventuais danos ou perdas a pessoas ou bens, originados do uso desta publicação.

Central de Relacionamento
Tel.: 0800-0265340
Rua Sete de Setembro, 111, 16º andar – Centro – Rio de Janeiro – CEP: 20050-006
e-mail: *info@elsevier.com.br*
site: *www.elsevier.com.br*

CIP-Brasil. Catalogação-na-fonte
Sindicato Nacional dos Editores de Livros, RJ

F244m   Faris, Stephan
           Mudança climática : as alterações do clima e as consequências diretas em questões morais, sociais e políticas = Forecast / Stephan Faris ; tradução Ana Beatriz Rodrigues. – Rio de Janeiro : Elsevier, 2009.

           Tradução de: Forescast
           ISBN 978-85-352-3049-9

           1. Mudanças climáticas. 2. Aquecimento global. 3. Mudanças de temperatura global. 4. Mudanças ambientais globais. I. Título.

09-1656.   CDD: 304.25
                                                      CDU: 504.7

Para
Leonardo Geronimo

PREFÁCIO À EDIÇÃO BRASILEIRA

Este livro é algo diferente dos demais textos que abordam a questão da mudança climática global. *Mudança climática* é um inteligente relato de um jornalista que possui aguçado senso de percepção e observação do comportamento humano e social. Viajando pelo mundo Stephan Faris coletou observações que vão de regiões tão díspares como Darfur, Amazônia, Bangladesh, Caxemira, Europa, América do Norte, Ártico e muitas outras. Faris percebeu que algo de comum estava acontecendo: a mudança climática já está atuando fortemente nestas e em outras regiões, sendo um dos motores de transformação na estrutura da sociedade global atual. Seja nos campos de refugiados africanos, em colônias de assentamentos na Amazônia, nas cidades europeias, nos vinhedos da Califórnia ou em todos os cantos do planeta já é possível observarmos que algo relevante com o clima global está em curso. O autor lida com questões concretas e não hipotéticas do presente, e não do futuro de nosso planeta. Não se trata de um processo de convencimento dos leitores de que o aquecimento global já existe. O livro apresenta fatos de modo vívido, construindo um quadro das surpreendentes maneiras com que a mudança climática vai afetar a todos nós, cultural, política e economicamente. Ferris tem um olhar atento para detalhes, tais como se apresentam no capítulo sobre a Amazônia, captando as questões socioeconômicas mais relevantes. Isso porque, ao dar voz a um grande número de pessoas de diferentes regiões, o autor nos possibilita a compreensão de que os problemas ocorridos em Darfur, Nova Orleans ou Bangladesh estão imersos em uma questão planetária maior.

Ferris explora a interconexão entre a estrutura de nossa complexa sociedade atual com o meio ambiente que suporta essa estrutura social, em todas as suas vertentes. Algumas regiões são mais vulneráveis que outras. Por exemplo: as tribos que estão atualmente lutando em Darfur compartilharam a região pacificamente até que a seca causou fome extrema, e a falta de água iniciou o atual ciclo de violência. A fragilidade das estruturas socioeconômicas foi acentuada com as mudanças globais, agravando os conflitos sobre o uso de recursos naturais. Aspectos críticos como agricultura, imigração, indústria de seguros, soberania nacional, saúde pública, guerras, desastres naturais e outros tópicos são todos abordados neste livro de modo não alarmista, mas com seriedade. É possível observar, por exemplo, que o mundo em aquecimento testemunhará migrações em massa de milhões de pessoas, pelas alterações no regime de chuvas, ondas de calor e aumento de eventos climáticos extremos como furacões, inundações e outros efeitos. A agricultura é um dos setores que serão mais afetados, podendo haver comprometimento em nossa capacidade de alimentar uma população de seis a nove bilhões de pessoas nas próximas décadas. Acesso à água já é e será ainda mais estratégico em qualquer região do globo.

Portanto, a mudança climática global em curso constitui-se em uma das questões mais cruciais na história da humanidade e estará conosco pelos próximos séculos, ajudando a dar forma à nossa estrutura planetária, agora com o Homem no comando da espaçonave Terra. Ainda não sabemos direito como lidar com essas complexas questões e ainda não aprendemos a pilotar essa espaçonave que está meio à deriva. Mas, vamos assumir o comando e dar-lhe uma direção correta, construindo uma nova sociedade, mais inteligente no uso dos recursos naturais de nosso planeta, mais eficiente no uso de energia, e com mais respeito aos demais seres vivos com os quais compartilhamos o planeta Terra. Não temos outra saída, e este livro mostra que já sentimos os efeitos das mudanças globais em todos os cantos do planeta, e a solução está em uma mudança significativa de postura no uso desses recursos. Temos obrigações éticas, morais e até de sobrevivência para com as gerações futuras, de rapidamente implementar soluções que reduzam as emissões de gases de efeito estufa. É também essencial trabalhar em adaptação e mitigação de seus efeitos. Todos os seres vivos do planeta estão interconectados entre si e com o sistema climático que nos suporta. Todos estamos no mesmo barco e compartilhamos responsabilidades diferenciadas.

O livro é uma grande reportagem sem perder o rigor de uma análise sociológica, e ao mesmo tempo com linguagem acessível e de fácil compreensão. *Mudança climática* é, portanto, leitura necessária para todos os que acreditam na capacidade criativa da humanidade de encontrar saídas para a crise climática na qual já estamos inseridos.

Paulo Artaxo
Professor do Instituto de Física da USP

AGRADECIMENTOS

É impossível escrever um livro sem ter muitos a quem agradecer. Além das pessoas citadas nestas páginas, que generosamente compartilharam comigo seu tempo, seus conhecimentos e seus insights, diversas outras merecem minha gratidão.

Don Peck, meu editor no *Atlantic*, levantou uma especulação sobre as origens do conflito em Darfur que deu origem ao artigo que serviu de base ao capítulo do livro sobre a região. Minha agente, Elisabeth Weed, da Weed Literary, forneceu a inspiração e o título para o livro, e David Patterson, meu editor na Henry Holt, começou a delineá-lo mesmo antes de ter decidido sua publicação.

Eu estaria sendo omisso se não agradecesse a Simon Robinson e a Eric Pooley, da *Time*, por me tirarem do Iraque e me levarem até Darfur quando o conflito estava apenas começando, e a Andrew Tuck, da *Monocle*, por encomendar a reportagem sobre a Noruega. Robert Friedman, a quem me reportei na *Fortune*, de Uganda, merece agradecimentos especiais como professor, mentor, editor e amigo.

Para citar todas as pessoas que me ajudaram em minhas viagens, eu precisaria de várias páginas, mas gostaria de agradecer em especial a Will Van Sant, Nancy Klingener e Heather Carruthers, na Flórida, Bill Drew e Mike Spence, em Manitoba, Bob Faris e Darci Powell, na Califórnia, e Henry Jardine, Shantie Mariet D'Souza, Mark Sappenfield, Dileep Chandan, Wahid Bukhari, Altaf Hussain, Luv Puri, Dan Isaacs e Laurie Goering, na Índia.

Marc Lacey, Melinda Miles e Anna Osborne foram de extrema ajuda no Haiti. Audrey e Denice Warren, Musa Eubanks, Veda Manuel e Sarah Kanter Brown fizeram o mesmo em Nova Orleans. Bettina Menne, Keith Alger, Thomas Lovejoy, Luiz Herman Soarez Gil, Joana Gabriela Mendes dos Santos, Marcia Caldas de Castro e Gary Chandler ajudaram-me muitíssimo em minha viagem ao Brasil. Sou grato a Flavio Di Giacomo por abrir caminho para mime em Lampedusa, e a Torbjørn Goa por fazer o mesmo na Noruega. Riccardo Rosati, Lidija Markovic, Paul Kalu, Peter Cunliffe-Jones, Nicola Peckett e Larry Lohman me fizeram companhia e me ajudaram em Londres. Franceso Zizola foi um grande companheiro na primeira viagem à fronteira com Darfur. Nils Gilman, Alessandra Giannini e Kim Nicholas Cahill fizeram valiosos comentários sobre o texto.

Por fim, minha família merece uma menção especial tanto pelo feedback fornecido quanto por suportar minhas pesquisas e a elaboração deste livro. Madeleine Lapointe, Ron David e Sophie Faris ofereceram apoio moral. Bill Faris construiu um excelente alicerce de vírgulas e confiança. Minha esposa, Federica Bianchi, que viveu sem a presença do marido durante um ano, cuidou de meu corpo febril na Caxemira e estruturou a maior parte dos capítulos. Junto com Wang Jingjing, proporcionou-me um lar ao qual pude retornar. Leonardo Geronimo Faris esperou o pai que "trabalha demais" para brincar com ele e seus trens. Obrigado. Farei o possível para retribuir.

O AUTOR

Stephan Faris é jornalista, especializado nos países em desenvolvimento. Desde 2000, cobriu a África, o Oriente Médio e a China para publicações como *Time*, *Fortune*, *The Atlantic* e *Salon*. Já morou na Nigéria, no Quênia, na Turquia e na China. Atualmente, vive em Roma com a esposa e o filho de 4 anos.

SUMÁRIO

	Introdução	1
1	"As coisas fugirão ao controle dos homens sábios" Darfur, escassez e conflito	5
2	"Somos uma terra distante" A Costa do Golfo, as águas quentes e a fuga do paraíso	27
3	"Um crescimento espetacular em tempos de crise" Europa, migração e reações políticas violentas	55
4	"Em uma nova fronteira" Brasil, desequilíbrios nos ecossistemas e doenças	83
5	"Belo lugar" A costa oeste, verões mais quentes e a safra de uvas	105
6	"Tudo se atrasa em Churchill" O Ártico, o derretimento do gelo e a nova posse de terras	131
7	"Uma espécie de ameaça existencial básica" O sul da Ásia, o desaparecimento das geleiras e a catástrofe regional	155
	Conclusão	181
	Notas	191
	Índice	201

INTRODUÇÃO

A primeira década do século XXI será lembrada como a época em que o mundo abriu os olhos às mudanças climáticas. O furacão Katrina devorou Nova Orleans. Queimadas devastaram a Floresta Amazônica. Ursos polares se afogaram nas águas resultantes do degelo do Ártico. Ondas de calor varreram a Europa. A seca chegou ao Meio Oeste dos Estados Unidos. Geleiras derreteram como nunca antes. Em 2007, o Painel Intergovernamental sobre Mudanças Climáticas (IPCC, na sigla em inglês), uma coalizão de cientistas sob a bandeira das Nações Unidas, declarou que 11 dos 12 anos anteriores haviam sido os mais quentes já registrados na história e que muito provavelmente tal elevação nas temperaturas fora causada por emissões provenientes de nossos automóveis, fábricas, usinas de produção de energia, e pela derrubada das florestas. Mais tarde, naquele mesmo ano, o IPCC compartilhou com Al Gore o prêmio Nobel da Paz.

A vida na Terra depende de uma quantidade limitada de gases de efeito estufa na atmosfera. Quantidades naturalmente existentes de dióxido de carbono, metano, óxido nítrico, vapores de água e ozônio atuam como uma manta, mantendo o calor dos raios solares e impedindo que se irradiem de volta para o espaço. Sem eles, a temperatura média do planeta seria de 18°C abaixo de zero. Os gases que geramos desde a primeira Revolução Industrial estão funcionando como uma "manta" a mais. E nós continuamos lançando cada vez mais gases na atmosfera. Desde o início do século passado, a temperatura do planeta aumentou 0,5°C. Até o final deste século, acredita-se que a temperatura média global aumente de 1,8 a 4°C. No entanto, o aquecimento global significará muito mais do que dias mais quentes. Ainda que em alguns lugares a temperatura esteja de fato se elevando, em outros está diminuindo. Em algumas regiões, o aquecimento global vem causando secas; em outras, inundações. Mudanças climáticas aceleradas destruíram o equilíbrio do mundo. Desequilibraram-no. Desastres naturais, furacões, secas e incêndios florestais são hoje mais intensos e mais frequentes; enquanto isso, o mundo tenta se ajustar. No entanto, o impacto do aquecimento global não deterá a força do clima. Cada mudança climática produz efeitos que afetam toda a cadeia causal. As secas acirram a disputa pela água. A elevação do nível do mar provoca a migração de povos. Ecossistemas são destruídos à medida que as espécies que o compõem migram ou não conseguem se adaptar.

Este livro trata desses impactos, da série de eventos cujos efeitos irão além do meio ambiente e do clima e moldarão nosso estilo de vida. Durante o período em que realizei as pesquisas e viagens para escrevê-lo, explorei o impacto de nossas emissões sobre campos de refugiados na África, cidades da Índia, ilhas no Mediterrâneo, cidades europeias, estações de observação no Ártico, colônias na Amazônia, cidades na Costa do Golfo e vinhedos no Vale do Napa. O que descobri foi que há lugares no mundo em que o tipo de impacto esperado em decorrência do aquecimento global já vem sendo observado há uma geração. Em Darfur, uma longa seca jogou pastores e agricultores uns contra os outros, lançando-os em um conflito brutal que ceifou centenas de milhares de vidas. Furacões mais violentos e mais intensos na costa do Golfo e do Atlântico, nos Estados Unidos, dificultaram a vida nas cidades costeiras. No outro extremo, os verões cada vez mais quentes têm sido uma bênção para os amantes de vinho ao redor do mundo; as uvas estão cada vez mais maduras e saborosas. Com o derretimento das calotas polares, os expedidores começaram a considerar o uso das rotas polares para reduzir suas viagens em milhares de quilômetros. Até agora, grande parte da discussão sobre mudança climática girou em torno dos efeitos distantes e catastróficos de um mundo superaquecido: cidades debaixo d'água, continentes congelados, o colapso das terras agrícolas. Mas o que descobri foi que mesmo uma quantidade modesta de aquecimento global do tipo que provavelmente vivenciaremos nas próximas décadas será capaz de provocar mudanças radicais. Mudanças que já estão ocorrendo apontam para impactos que vão dos mais sutis, e às vezes benignos, aos terríveis e potencialmente catastróficos.

Nas páginas que se seguem, descrevo como alterações na produção agrícola podem provocar conflitos, como o risco de desastres naturais mais intensos pode afetar a vida dos habitantes das regiões costeiras e como refugiados de catástrofes ambientais acirrarão o debate sobre a imigração. Discuto como as doenças se disseminarão e como será cada vez mais difícil combatê-las; examino como as mudanças na paisagem agrícola levarão os agricultores a se adaptarem, exploro como o derretimento das calotas polares e as mudanças nos padrões de chuva ameaçam redefinir as fronteiras políticas e examino de que maneira regiões mais frágeis correm o risco de sofrer catástrofes. Já estamos reestruturando – e continuaremos reestruturando – o meio ambiente que nos cerca. Entretanto, não precisamos mais prever as consequências do aquecimento global. Seus impactos já se fazem sentir. O futuro de nosso planeta já pode ser encontrado agora, nas fronteiras da mudança climática.

1

"AS COISAS FUGIRÃO AO CONTROLE DOS HOMENS SÁBIOS"
DARFUR, ESCASSEZ E CONFLITO

Em 1985, época em que a região de Darfur enfrentou uma seca devastadora, um aluno de doutorado chamado Alex de Waal reuniu-se com Hilal Abdala, xeique árabe acamado, que estava praticamente cego. O nômade, já idoso, e sua tribo haviam montado acampamento em uma inóspita região, caracterizada por pedra e areia. As grandes tendas negras pareciam velas, tremulando ao vento. Aqui e acolá, avistavam-se árvores retorcidas e a grama para os camelos da tribo era escassa. O estudante era alto e desajeitado, e tinha o entusiasmo próprio da juventude. O xeique – alto, imponente, curvado pela idade – convidou-o a entrar. "No interior da tenda, vi-me diante de uma profusão de objetos típicos que pontuaram uma vida nômade – potes de água, selas, esporas, espadas, bolsas de couro e um velho rifle", recordou-se de Waal, anos depois. "Fui convidado a me sentar diante dele, tendo, entre nós, um tapete persa; ele chamou um criado, pediu um pouco de chá doce em uma bandeja de prata e disse-me que o mundo estava acabando."

Com as mãos, comeram carne de bode com arroz. De Waal estava estudando as reações dos povos da região à seca que os assolava. O velho nômade descreveu coisas que nunca vira. A areia varria as terras férteis. As raras chuvas lavavam o solo aluvial. Agricultores que antes acolhiam sua tribo e seus camelos hoje impediam sua migração; a terra não mais podia sustentar pastores e agricultores. Muitos membros de sua tribo haviam perdido seus rebanhos e tentavam plantar painço, relegados ao solo arenoso entre faixas de terra fértil.

Com o auxílio do cajado, o nômade traçou na areia uma grade, um tabuleiro de xadrez que de Waal interpretou como a "geografia moral" da região. Nos quadrados pretos, ficavam os agricultores e suas plantações; nos brancos, a tribo do xeique, cruzando o tabuleiro pacificamente, qual bispos no tabuleiro de xadrez. A seca mudara tudo aquilo. A ordem fora violada, disse o xeique, que temia pelo futuro. "A maneira como o mundo era organizado, desde tempos imemoriais, deixara de existir", recordou-se de Waal, hoje diretor de programas do Social Science Research Council. "Era impressionante, deprimente e as consequências foram terríveis."

Quase 20 anos depois, quando um novo flagelo se abateu sobre Darfur, de Waal se lembraria do encontro. Milicianos da Janjaweed, em seus uniformes militares, montados em camelos e cavalos, devastaram a região. Em uma campanha de limpeza étnica para eliminar os negros não-árabes da região, a milícia armada estuprou mulheres, queimou casas, torturou e matou homens e meninos em idade de combate. Em grande parte da região de Darfur, restou um rastro de fumaça no céu. Em sua liderança, estava um árabe de quase dois metros de altura, de compleição atlética e presença imponente. Em um conflito que os Estados Unidos mais tarde classificariam de genocídio, ele encabeçava a lista de suspeitos de crime de guerra do Departamento de Estado. De Waal reconheceu o nome – Musa Hilal. Era o filho do xeique.

Entre o nômade preocupado e seu filho militante, encontram-se as raízes de um conflito que forçou dois milhões de pessoas, na maioria negros africanos, a deixarem seus lares, e resultou em 200 mil a 450 mil vítimas fatais. O conflito de Darfur costuma ser descrito como tendo motivações raciais, como uma luta de árabes contra civis e rebeldes negros. No entanto, a distinção entre "árabe" e "negro africano" em Darfur baseia-se mais no estilo de vida do que em qualquer diferença física. Os árabes, de um modo geral, são pastores. Os africanos, de um modo geral, são agricultores. Não há distinção racial entre os dois grupos. Ambos são predominantemente muçulmanos. As linhas de falha têm suas origens em outra distinção – entre os agricultores sedentários e os pastores nômades e sua luta pelas terras decadentes. A agressão do tirano Musa Hilal – forjada em uma época de desertificação, seca e escassez – remonta aos temores de seu pai e à destruição de um estilo de vida provocada pela mudança climática.

  Visitei a região pela primeira vez no início de 2004, quando viajei até a cidade de Adré, na fronteira leste do Chade, e dirigi durante três horas até o sul, ao longo da fronteira de Darfur. Refugiados vinham atravessando o leito do rio seco que servia de fronteira entre o Chade e o Sudão e era única fonte de água na região. De manhã bem cedo, segui um grupo de mulheres e suas mulas pelas areias do leito seco do rio. O sol que despontava mostrava trilhas de vapor na poeira levantada por seus pés. A vegetação era baixa, composta apenas de alguns arbustos, aqui e ali. As mulheres cavavam grandes buracos no leito do rio, de onde extraíam uma água amarronzada com o auxílio de canecas plásticas. Era um trabalho perigoso. Os Janjaweed ainda estavam ativos do outro lado, dando água aos cavalos e camelos não muito longe dali. Embora, em sua maior parte, a violência estivesse restrita a Darfur, as milícias haviam começado a se aventurar também para além de suas fronteiras, em busca do gado que havia escapado a seus ataques.

  As mulheres já haviam quase enchido os barris de água quando duas refugiadas saíram de um arbusto lateral e caíram de joelhos, em uma prece muçulmana. As duas mulheres poderiam ter seus cinqüenta e poucos anos, eram prematuramente envelhecidas, castigadas pelo sol e pela pobreza. Quando se levantaram, pedi que uma delas me contasse sua história. Halime Hassan Osman e sua companheira haviam saído do Chade na noite anterior, arriscando-se a ser descobertas, para voltar a Darfur e às ruínas da aldeia onde moravam. Haviam passado o dia com medo, escondidas nos arbustos, aterrorizadas demais para comer ou rezar, e voltado após outra noite de caminhada. A única coisa que haviam encontrado entre os destroços foram alguns punhados de grãos de feijão. A jornada fora dura e me pareceu estranho que essas duas mulheres, já avós, tivessem sido escolhidas para a missão. "Se os homens forem, serão mortos", respondeu Halime. "Se uma jovem for, será estuprada. Por isso, nós, as velhas, somos escolhidas."

Os refugiados estavam acampados no Chade, em abrigos feitos de junco entre as casas de estuque de um povoado próximo. Na parede do dispensário local, a única construção de concreto da comunidade, crianças haviam desenhado com pedaços de carvão homens com metralhadoras e aviões soltando bombas.

Um homem de 55 anos chamado Bilal Abdulkarim Ibrahim mostrou-me as marcas das balas que levara ao tentar salvar as filhas do estupro. "Eu disse: 'Vocês podem me matar, mas não vou deixar vocês estuprarem minhas filhas na minha frente.'" Os milicianos então amarraram uma corda em volta de seus testículos, puxando-a. Quando sua esposa tentou libertá-lo, surraram-na. Ele só escapou quando um miliciano idoso, de barba branca, ordenou sua libertação. A jovem Fatum Issac Zakaria estava no sétimo mês de gravidez quando, junto com outras três jovens, foi estuprada durante um ataque à aldeia onde viviam. "Não queríamos ir com eles. Eles então nos surraram e nos arrastaram para dentro da floresta. Disseram: 'Vocês são mulheres de rebeldes.' Insultaram-nos. 'Vocês são escravas.'" Naquela noite, quando estava indo embora, vi as chamas subirem dentro do território do Sudão. Arderam por cerca de 10 minutos, depois desapareceram. Eram os Janjaweed, disseram os refugiados, ateando fogo ao que restara de seus lares.

Antes de as chuvas começarem a escassear, o povo do xeique tinha vivido pacificamente, lado a lado com os fazendeiros. Os nômades eram bem-vindos, podiam colocar seus camelos para pastar nas colinas rochosas que separavam as terras férteis. Os fazendeiros compartilhavam suas fontes de água e os pastores alimentavam seus rebanhos com as sobras da colheita. Entretanto, com a seca, os nômades passaram a ter de ir mais longe em busca de comida e os agricultores começaram a cercar suas terras – mesmo as terras não cultivadas – com medo de que fossem arruinadas pelos rebanhos que por elas passaram. Às vezes, ateavam fogo aos pastos em que os animais se alimentavam. Algumas tribos de pastores se mudaram ou tornaram-se adeptas da agricultura, mas os árabes pastores ativeram-se a seu meio de vida; a vida nômade, como pastores, era crucial para sua identidade cultural.

O nome *Darfur* significa "Terra dos Fur", nome da maior tribo de agricultores da região. Mas a vasta região serve de lar – *dars* – para muitas tribos. No final da década de 1980, os árabes, sem terra e cada vez mais desesperados, reuniram-se para lutar por sua própria *dar* e tirá-la dos agricultores negros, publicando, em 1987, um manifesto de superioridade racial. O manifesto começava com reclamações de sub-representação no governo e terminava com a ameaça de tomar nas próprias mãos a tarefa de resolver os problemas: "Temos medo, pois se o descaso para com a participação da raça árabe continuar, as coisas fugirão ao controle dos homens sábios e cairão nas mãos dos ignorantes, gerando problemas que terão graves consequências."

Os conflitos haviam se iniciado entre os Fur e os árabes pastores e, nos dois anos que antecederam a assinatura de um acordo de paz, em 1989, três mil pessoas, em sua maior parte da etnia Fur, foram assassinadas e centenas de aldeias e acampamentos de nômades queimados. Outras lutas na década de 1980 acentuaram a divisão entre árabes e não árabes, colocando os pastores contra os Fur, Zaghawa e Massaleit, as três tribos que mais tarde formariam o grosso da rebelião contra o governo central. Nessas disputas, em diversas ocasiões o governo de Cartum apoiou politicamente os árabes. Às vezes – na tentativa de criar uma proteção contra os revolucionários do sul do Sudão –, fornecia-lhes armas.

A rebelião iniciada em Darfur, em 2003, a princípio foi uma reação contra a negligência e a marginalização da política da região pelo governo de Cartum. Entretanto, embora inicialmente os rebeldes buscassem um front pan-étnico contra um regime distante e descuidado, o cisma entre os adversários do governo e seus defensores logo se delineou, com base em argumentos étnicos. Os árabes pastores tornaram-se defensores ferrenhos do governo de Cartum.

A milícia árabe nômade iniciou uma campanha brutal para expulsar de Darfur os agricultores negros. Usavam uniformes militares, às vezes dirigiam veículos militares e coordenavam seus ataques com bombardeios aéreos sudaneses. Mesmo assim, o conflito estava mais enraizado na inveja pela posse da terra do que no ódio racial. "Algumas das tribos de pastores árabes, particularmente os pastores de camelos, não tinham a própria *dar*, por isso estavam sempre à mercê de outras tribos no que diz respeito ao uso da terra", disse David Mozersky, diretor de projetos do International Crisis Group do Chifre da África (nordeste africano).

Durante centenas de anos, isso não acarretou problemas, pois o sistema oferecia terras a esses grupos nômades à medida que eles se deslocavam. No entanto, com o aumento da desertificação e a redução das terras férteis, alguns desses pastores tentaram ter a própria terra, o que na realidade não é uma opção em Darfur. Esse foi um dos principais argumentos de Cartum para manipular e mobilizar essas tribos árabes a engrossar as fileiras dos Janjaweed, lutando a seu lado. "É interessante observar que a maior parte das tribos árabes que tinham direito à terra não se juntou à luta do governo."

Voltei ao Chade tempos depois, naquele mesmo ano, mais precisamente ao campo de refugiados de Oure Cassoni, 273km ao norte de Adré, avançando pelo deserto. Àquela altura, a zona rural do outro lado da fronteira estava praticamente deserta. Os refugiados que chegavam, em sua maior parte, haviam passado semanas fugindo dos Janjaweed, em busca de refúgio nas montanhas, atrás de pasto e água para os animais, tentando manter o que restara de seu rebanho, até que finalmente não lhes restasse mais nada, e dirigiam-se para a fronteira.

Oure Cassoni era o tipo de lugar para onde se ia quando não restava outra opção. O deserto ao redor era plano e sem graça, cortado por rios largos e rasos que transbordavam quando chovia e secavam quando não chovia. As árvores espalhavam suas raízes em busca de água – arbustos baixos, espinhosos, separados pela areia revirada pelo vento. Entre elas, nada crescia, nem mesmo grama seca. O horizonte descrevia um arco raso, como no mar. Nuvens de poeira levantavam-se no ar em pleno sol do meio-dia. À noite, vindas de Darfur, tempestades de areia assolavam a região. Parecia que seu objetivo era bloquear o sol, transformando tudo em sépia, para em seguida desaparecer, deixando atrás de si um rastro de devastação.

O povoado mais próximo, Bahai, era uma decadente cidade fronteiriça ao sul do campo, um aglomerado de blocos de concreto muito menos populoso do que seu novo vizinho do norte. "Bahai é um lugar horrível para um campo de refugiados", disse Tim Burroughs, diretor de saúde ambiental do International Rescue Committee, que administrava a operação, ao Christian Science Monitor. "É onde começa o Saara. Há muitas dunas, as casas são tomadas pela areia; as aldeias, abandonadas." A água de poço era escassa. As equipes de ajuda humanitária tiravam água de um lamacento lago artificial na fronteira com Darfur, a menos de 5km do campo de refugiados. Havia rebeldes posicionados ali perto e corria o boato de que estariam enchendo seus tanques de água no centro de tratamento. Em três anos, disse Burroughs, provavelmente a região não seria mais capaz de sustentar a vida.

Os refugiados que, recentemente, haviam chegado a Darfur estavam reunidos do lado de fora do campo, esperando para ser admitidos. As mulheres usavam tecidos estampados com incongruentes flores primaveris. De manhã cedo, os refugiados que tinham mulas cuidavam delas, e os que tinham pertences também os arrumavam. À medida que o sol subia no céu, tudo se tornava mais lento. Eu passava de grupo em grupo. As folhas das árvores baixas ofereciam pouca proteção contra o calor, por isso os refugiados as forravam com tapetes de plástico, trapos e sacos de arroz vazios. Uma árvore pequena podia abrigar de quatro a cinco pessoas. Não se desperdiçava um só centímetro quadrado de sombra.

Uma mulher de 65 anos, já avó, chamada Mariem Omar Abdu, fugira de sua aldeia em chamas três meses antes. Escondida nos arbustos, vira quando homens em uniformes militares atiraram contra três de seus netos. Os corpos ficaram exatamente onde haviam caído. "Tememos por nossa vida", disse. "Eles mataram nossas crianças. Tínhamos medo de que o mesmo acontecesse conosco." Ela vira quando soldados amarraram três homens de sua aldeia, surraram-nos, colocaram-nos a bordo de um caminhão e os levaram.

Zahara Abdulkarim carregava no colo uma criança pequena. Seus grandes olhos castanhos expressavam preocupação. Sua pele era lisa e muito escura. Um dia, havia acordado com o barulho de aviões e bombas vindo do outro lado da aldeia; quando percebeu, sua casa estava em chamas. Saiu correndo para o lado de fora e caiu direto nos braços dos janjaweed. Um deles carregava uma faca; o outro, um chicote. Ambos usavam uniforme militar. Quando a derrubaram no chão, ela viu o corpo do marido inerte na lama. Um a segurou enquanto o outro a estuprava. Chamaram-na de cadela e mula. Quando terminaram, o homem que estava armado com a faca desferiu um golpe profundo em sua coxa, pouco acima do joelho. A marca significava escravidão, disseram-lhe. Ela havia sido marcada como se marca a um camelo. "Eles querem substituir essa pele negra pela dos árabes", disse.

Sua conclusão foi corroborada pelas descobertas de Brent e Jan Pfundheller, advogados aposentados que haviam passado um mês no campo de refugiados, realizando mais de mil entrevistas a serviço do Departamento de Estado dos Estados Unidos, na tentativa de quantificar as violações de direitos humanos.

Homens e mulheres haviam sofrido abusos sexuais com varas e canos de rifles e ameaçados de repetição das atrocidades se não fossem embora. Uma das ameaças mais comuns era: "Quem estiver gostando pode continuar no Sudão. Quem não estiver gostando que trate de ir embora para o Chade", contou Jan.

Os milicianos normalmente matavam os homens e os meninos, mas poupavam as mulheres e as meninas. Arrancavam as crianças dos braços das mães e verificavam seu sexo. Se fossem meninas, jogavam-nas no chão; se fossem meninos, enfiavam-lhes o facão. "Formar outra geração com idade suficiente para lutar leva um bom tempo." Ninguém estava a salvo. Os janjaweed incendiavam mesquitas e matavam líderes religiosos. Em uma aldeia, queimaram vivos cinco Imãs negros. Em outra, pegaram o Alcorão de uma mesquita, jogaram ao chão e urinaram em cima. Homens eram mortos enquanto rezavam; um Imã e seu filho sofreram abuso sexual e depois foram levados embora. "Trabalhamos na Bósnia e no Kosovo, por isso já vimos muita coisa", disse Jan. "Mas fiquei chocada com o escopo da tragédia de Darfur."

Mas, afinal, quais foram as razões da degradação de Darfur? Durante grande parte das décadas de 1980 e 1990, os habitantes do Sudão e de outras partes do Sahel, região semiárida ao sul do Saara, foram considerados culpados pela degradação ambiental. A drástica redução na precipitação entre os últimos 40 anos e os 40 anos anteriores foi atribuída ao tratamento equivocado da vegetação da região dado pela população local. Dizia a teoria vigente que o desmatamento e a utilização excessiva dos pastos expunham uma maior quantidade de pedras e areia, que absorvem menos luz solar do que as plantas, em vez de refleti-la de volta ao espaço. Isso esfriava o ar próximo à superfície, atraindo as nuvens para baixo e reduzindo, assim, a chance de chuva e dando continuidade ao ciclo. "Dizia-se que os africanos eram, eles próprios, responsáveis pelo que lhes estava acontecendo", afirmou Isaac Held, cientista sênior da National Oceanic and Atmospheric Administration.

Na época da eclosão do conflito em Darfur, os cientistas haviam identificado outra causa. Os climatologistas inseriram em diversos modelos de computador de mudança atmosférica dados históricos sobre a temperatura da superfície do mar. O que descobriram foi que a elevação das temperaturas nos oceanos tropicais e do sul, associada ao resfriamento do Atlântico Norte, foi o bastante para afetar as monções africanas e produzir as mudanças registradas no clima. A degradação das terras de Darfur havia sido a consequência, não a causa da seca. "A seca não fora causada pelo desmatamento nem pelo uso excessivo dos pastos", explicou Alessandra Giannini, que liderou uma das análises. As origens da seca de Darfur, segundo as descobertas de Alessandra e sua equipe, estavam nas mudanças do clima global.

Ainda não podemos afirmar até que ponto é possível responsabilizar as atividades humanas por essas mudanças. "Os furacões se baseiam em um padrão de aquecimento semelhante", explicou Alessandra. Da mesma maneira que podemos associar tempestades mais violentas ao aquecimento global por meio da elevação da temperatura dos oceanos sem, contudo, traçar uma associação definitiva entre um furacão específico e a elevação da concentração de dióxido de carbono na atmosfera, podemos aplicar raciocínio semelhante a Darfur. Os cientistas concordam que os gases de efeito estufa aqueceram os oceanos tropicais e do sul, e os indícios apontam que os aerossóis de sulfato provenientes da poluição industrial mantiveram o Atlântico Norte mais frio. No entanto, até que ponto as causas provocadas pelo homem – em oposição a tendências naturais nas temperaturas oceânicas – são responsáveis pela seca que afetou Darfur? Há controvérsias, bem como há controvérsias a respeito da relação entre aquecimento global e a destruição de Nova Orleans. "Não se pode afirmar que o furacão Katrina tenha sido, de fato, causado pela mudança climática", explicou Peter Schwartz, coautor de um relatório de 2003 elaborado pelo Pentágono sobre mudança climática e segurança nacional. "Entretanto, podemos dizer que a mudança climática provocará outros furacões como o Katrina. No caso de tempestades isoladas, e também de secas isoladas, é difícil afirmar alguma coisa. Mas podemos dizer que teremos tempestades mais violentas e secas mais graves."

Darfur pode ser o canário na mina de carvão, uma previsão do caos político provocado por mudanças no clima. Até mesmo alterações brandas no clima ocorridas ao longo dos últimos mil anos, que ocorrem naturalmente, parecem ter a capacidade de inflamar conflitos. David Zhang, professor da University of Hong Kong, esquadrinhou antigos arquivos chineses em busca de registros de guerras e rebeliões e os comparou às temperaturas históricas no Hemisfério Norte, compiladas pela análise dos registros de anéis de crescimento de árvores, pistas de corais, perfurações e núcleos de gelo. Zhang e seus colegas computaram 15 períodos de intensos conflitos entre os séculos XI e XX. Todos, exceto três, haviam ocorrido imediatamente após longos períodos de frio incomum. O pico mais dramático de conflitos ocorreu quando a China e a Europa entraram na Pequena Era do Gelo. "Na época, globalmente, a situação era desalentadora. Na Europa, houve a Crise do Século XVII e a Guerra dos Trinta Anos", explicou.

Na China, como Zhang descobrira, a queda nas temperaturas reduzira a produtividade agrícola, provocando fome, rebeliões e guerras. "Descobrimos também que colapsos de dinastias seguiram-se aos ciclos de oscilações na temperatura nos últimos mil anos", escreveu Zhang no periódico *Human Ecology*. "Quase todas as mudanças de dinastia ocorreram em fases frias, com exceção da dinastia Yuan, que entrou em colapso oito anos após o fim da fase fria, embora tenha perdido a maior parte de seu território nas revoltas de camponeses, durante a fase fria. O adiamento do colapso decorreu, em grande parte, de lutas pelo poder entre diferentes grupos rebeldes." No entanto, o que mais o desconcertou foi a escala da mudança climática histórica, quando comparada com o aquecimento pelo qual o mundo vem passando no presente século. "Se analisarmos a temperatura média, veremos que estava 0,3 graus centígrados mais fria [do que a média histórica]. No entanto, o impacto foi enorme. Hoje, a temperatura média está 0,7 graus centígrados acima da média. Não sei o que vai acontecer", disse.

Os efeitos do aquecimento global se farão sentir no mundo inteiro, muitas vezes de maneira inesperada e em lugares surpreendentes. "A tragédia do Sudão não é a tragédia de um único país na África", afirma Achim Steiner, diretor do Programa das Nações Unidas para o Meio Ambiente. "Trata-se de uma janela para um mundo maior que mostra como questões como a depleção descontrolada dos recursos naturais, como solos e florestas, aliada a impactos como a mudança climática, podem desestabilizar comunidades e até países. Exemplifica e demonstra o que vem se tornando uma crescente preocupação global. Não é preciso ser um gênio para prever que, à medida que o deserto se desloca para o sul, há um limite quanto àquilo que os sistemas ecológicos podem aguentar; do contrário, teremos um grupo expulsando o outro, e assim por diante. As sociedades não estão preparadas para a escala e a velocidade em que terão de decidir o que fazer com as pessoas."

É difícil saber quais serão as regiões mais afetadas pelo aquecimento global; por isso, a melhor maneira de prever onde surgirão os conflitos induzidos pelas condições climáticas é identificar os países menos capazes de suportar a pressão. "É melhor não se atolar demais na física do clima", afirma Nils Gilman, analista da Global Business Network, empresa de consultoria estratégica de San Francisco e autor de um relatório de 2007 sobre mudança climática e segurança nacional. "Deveríamos, sim, analisar a geografia social, física e política das regiões afetadas. Darfur não seria muito diferente se não fosse a mudança climática." As tensões entre pastores e agricultores já existiam muito antes de as secas começarem a assolar Darfur. Com a mudança climática, as tensões simplesmente se transformaram em guerra.

A princípio, os pontos mais afetados provavelmente serão a África, ao sul do Saara, e lugares como a Ásia Central ou o Caribe, onde as instituições são fracas, a infraestrutura é deficiente e o governo é incompetente ou malevolente. O International Alert, grupo que se dedica à resolução de conflitos, compilou uma lista de 44 países em que a mudança climática pode dar origem a conflitos armados. São eles: Irã, Indonésia, Israel, Argélia, Nigéria, Somália, Bolívia, Colômbia, Peru e Bósnia e Herzegovina.

A crise em Darfur já atingiu o Chade e a República Centro-Africana. Nômades sudaneses estão penetrando cada vez mais na floresta tropical congolesa. Em 2007, quando o Conselho de Segurança da ONU realizou o primeiro debate sobre os impactos da mudança climática, o representante de Gana levantou-se para declarar que esperava que os "repetidos alarmes" sobre as ameaças impostas pela mudança climática levassem a "ações apropriadas, coordenadas e sustentáveis". Em seu país, disse, os pastores Fulani estavam comprando rifles de alta potência para defender seus animais dos enraivecidos agricultores locais. A mudança climática havia chegado ao deserto do Saara, forçando os pastores a avançarem sobre terras agrícolas.

À medida que o aquecimento global ameaça estimular o surgimento de conflitos em diversos países, aqueles que desejarem evitar futuras crises vão querer saber qual mistura volátil de pressões pela terra e política local levarão uma região tensa a situações críticas. "A primeira coisa que você precisa fazer é detectar as regiões do mundo em que existe uma grande população de pessoas que dependem diretamente de recursos limitados: colheitas locais, suprimento de água, florestas", disse Thomas Homer-Dixon, cientista político da University of Waterloo que há quase duas décadas estuda a associação entre meio ambiente e conflito. "Em seguida, procuramos lugares em que já exista grande degradação de recursos. Escassez de água. Prejuízo para as plantações. Desmatamento disseminado."

"A próxima providência é procurar lugares onde o governo e os mecanismos de apoio social são problemáticos", continuou. "Lugares onde o governo é corrupto, existem profundas divisões raciais, o capital é limitado e existe pobreza. Essa combinação – de corrupção, profunda divisão racial e capital inadequado – gera enorme vulnerabilidade. Acrescente-se a isso a mudança climática e pronto. Está formada a crise."

Os problemas do Haiti são apenas tangencialmente associados ao aquecimento global, mas uma comparação com seu vizinho nos dá noção dos desafios que Darfur e outros países semelhantes poderiam enfrentar em um futuro assolado por problemas ambientais. A República Dominicana divide uma ilha com o conturbado país, mas compartilha de seu endêmico desmatamento e de sua acelerada erosão. Enquanto o Haiti perdeu 98% de sua cobertura florestal, a República Dominicana conseguiu preservar a maior parte de suas árvores. A diferença é visível não apenas de cima, onde a fronteira é demarcada por uma mudança abrupta de um verde exuberante para o marrom, mas também pelo número de vítimas nos dois países. O furacão Jeanne fez 18 vítimas fatais ao atingir a República Dominicana, em 2004. No Haiti, onde a tempestade sequer atingiu o solo, fez mais de três mil vítimas fatais em inundações e deslizamentos de terra. O desmatamento deixara as colinas fracas demais para suportar as chuvas.

O aquecimento global provavelmente vai piorar a situação do Haiti, uma vez que a crescente variabilidade climática significa mais inundações e mais secas. Chuvas mais fortes destruirão campos, estradas e construções. A destruição das colheitas levará ruína ao campo e caos à cidade. Em abril de 2008, o aumento do preço dos alimentos, provocado, em parte, pela mudança climática, resultou em agitação nas áreas urbanas do país. O custo de alimentos básicos – feijão, arroz e leite – havia aumentado 50%, exaurindo a paciência de um país em que os mais pobres muitas vezes aliviam a fome com refeições à base de lama. Os protestos se transformaram em tumultos. Lojas foram pilhadas. Carros foram incendiados. Pelo menos seis pessoas morreram, entre elas um nigeriano, funcionário da ONU, alvejado quando tentava conter a violência. Depois de uma semana de caos, os políticos optaram por demitir o primeiro-ministro do país, alegando que ele havia perdido a confiança do eleitorado.

Entretanto, mesmo sem o fardo adicional da mudança climática, o Haiti provavelmente continuaria muito mais pobre do que seu vizinho. Seus problemas ambientais entranharam-se aos males políticos, dificultando a resolução de ambos. Décadas de pobreza, crescimento populacional e uma quase anarquia privaram os campos de suas florestas e transformaram as fazendas em lotes pequenos e inférteis. "O que vemos em Port-au-Prince – a concentração de pessoas nas favelas, o que gera violência, que, por sua vez, gera doença – ocorre porque as pessoas não podem mais produzir nos campos", declarou Max Antoine, diretor-executivo da Comissão Presidencial sobre Desenvolvimento de Fronteira, cujo objetivo é o reflorestamento da área próxima à República Dominicana. "As pessoas deixam suas terras e vão para as cidades, na esperança de uma vida melhor. E, é claro, não a encontram. E fazem o quê? Elas precisam comer. Caem na criminalidade. Tornam-se suscetíveis aos traficantes de drogas."

Para examinar os desafios que o país enfrenta, deixei as favelas para trás e dirigi-me para fora de Port-au-Prince. A estrada fora recapeada recentemente e não levamos muito tempo para ultrapassar os caminhões lotados de passageiros. No posto de gasolina mais afastado da cidade, havia cinco cavalos no meio da pista, com a barriga já inchada pela morte. Prendi a respiração. Minha janela estava aberta por causa do calor e não estava nem um pouco interessado em saber se seu odor era tão terrível quanto sua aparência.

Logo ao sairmos da cidade, as colinas tropicais pareciam uma paisagem desértica, sem árvores, e a terra estava retalhada. Era como se a seleção natural tivesse favorecido os arbustos baixos e finos, não tanto como forma de sobreviver ao calor, mas sim como uma maneira de escapar do facão. Na parte em que a estrada havia sido ampliada, clareiras nas encostas revelavam uma das causas dos males do país. O desmatamento fora tão intenso que não havia nada para segurar o solo poeirento de calcário; qualquer chuva forte era capaz de fazer a terra deslizar.

O que torna tão grave o problema do Haiti é a maneira complexa e dolorosa como um se alimenta do outro. Em torno de 71% da energia do país empobrecido vem das árvores, que são usadas como lenha no interior e carvão nas cidades. Para um camponês pobre, o desmatamento é uma forma de sobrevivência. "Se eu fosse agricultor e minha safra tivesse sido destruída, o que poderia fazer?", pergunta Antoine. "Vou morrer hoje? Ou consigo sobreviver por mais uns dias derrubando árvores e vendendo o carvão para poder comprar remédios? Ou para comprar fertilizante e plantar alface?" Quando as florestas desaparecem, as encostas acabam deslizando. Os deslizamentos de terra varrem do mapa aldeias inteiras. Estradas e pontes são destruídas. As favelas continuam inchando. O Haiti mergulha ainda mais fundo na pobreza. Para sobreviver, outro agricultor derruba mais uma árvore. "Não é um círculo vicioso", disse Philippe Mathieu, diretor da instituição de caridade canadense Oxfam-Québec, no Haiti. "É uma espiral. A cada momento, há menos espaço."

A estrada começou a subir e logo chegamos a nosso destino, Lac de Péligre, um largo artificial que se estendia por 16km rumo à fronteira com a República Dominicana, terminando em um vale estreito, onde havia uma enorme represa de concreto. Concluída na década de 1950, a usina hidrelétrica fora construída sem que se consultassem ou ao menos informassem aos agricultores cujas terras férteis e pomares não demorariam para estar no fundo do lago, devastando a comunidade local. "Um dos habitantes mais antigos de Cange se recorda de ter visto a água subir e, de repente, constatar que sua casa e suas cabras estariam debaixo d'água em algumas horas", escreveu Tracy Kidder em *Mountains Beyond Mountains*. "'Foi quando peguei meu filho e uma cabra [disse o homem] e comecei a subir a montanha.'"

"Famílias haviam fugido carregando o que puderam salvar, vez por outra olhando para trás para ver a água engolir seus jardins e chegar à copa de suas mangueiras", continua Kidder. "Para a maioria dessas pessoas, não havia outra solução, exceto estabelecer-se nas encostas das montanhas, onde o cultivo da terra significava erosão e desnutrição, o que, ano a ano, os aproximava mais da fome e da escassez de comida."

Os responsáveis pela construção da represa haviam deixado seus equipamentos para trás. Esqueletos de cimento e aço decoravam as laterais da represa. Em uma praça empoeirada, um guindaste abandonado parecia buscar alguma coisa acima da copa das árvores. Os habitantes do lugar usavam a estrutura para amarrar seus cavalos ou estender a roupa lavada. Caminhei até a faixa de concreto que separava o lago do rio abaixo dele. Barqueiros conduziam em pirogas passageiros perigosamente enterrados até abaixo da linha-d'água. Uma fila de postes seguia até a capital. Uma onda de espuma branca se dirigia pela água até o leito do rio.

"O objetivo do projeto era melhorar a irrigação e gerar energia", escreveu Kidder. "Não que os camponeses do platô central não precisassem de tecnologia moderna ou não a desejassem... Porém, como costumam dizer, sua terra ficou sem água e sem eletricidade. E muitos nem receberam indenização alguma. Na verdade, a barragem deveria beneficiar os agronegócios a jusante, que, na época, eram de americanos, em sua maior parte, e também fornecer eletricidade a Port-Au-Prince, especialmente aos lares da rica e reduzida elite haitiana, bem como a montadoras estrangeiras que haviam se instalado no país."

Se ao menos tivesse feito isso, o projeto poderia ter gerado crescimento econômico. No entanto, a água que eu via represada à minha frente estava sendo desperdiçada. Em sua capacidade total, a usina produz 60 megawatts de energia, o suficiente para suprir uma cidade pequena. No entanto, produzia apenas de 15 a 17 megawatts. Das três enormes turbinas da usina, duas haviam apresentado defeito e estavam desmontadas, à espera de caríssimas peças de reposição. A usina estava operando com uma única turbina – que continuava em uso apesar de um lacre quebrado que permitia que a água espirrasse no espaço de trabalho e de um eixo defeituoso que oscilava perigosamente ao girar. Com o reservatório próximo de sua capacidade, a represa estava jogando água para fora, desperdiçando a única força que poderia ser usada para produzir eletricidade.

A represa fora projetada para durar 140 anos. Mas os engenheiros que projetaram seu tempo de vida útil partiram do pressuposto de que as colinas do vale não seriam desmatadas. Não previram que os agricultores, expulsos de suas terras, se instalariam nas encostas, desmatando-as para sobreviver, ou migrariam para a capital, a fim de se tornar outra boca para alimentar com refeições em cujo preparo se utiliza carvão.

Dois seguranças da represa juntaram-se a mim. Todas as encostas que pude ver estavam desmatadas. Pedaços de grama verde cresciam em campos irregulares que deslizavam perigosamente rumo à água. A floresta só permanecia nas partes em que as encostas eram mais inclinadas. "As pessoas precisam comer", disse um dos guardas, apontando para o próprio estômago. Para quem precisa desesperadamente de dinheiro, até mesmo árvores frutíferas valiam mais como carvão do que no pomar. "Eles tiram as mangas dos pés, cortam a árvore e vendem a madeira para ser transformada em carvão", disse o outro. "Quando o dinheiro acaba, as pessoas voltam à miséria.

Então, voltam e cortam outra mangueira. E é assim que acontece o desmatamento."

O lodo no reservatório havia modificado as correntes perto da reserva e deformado uma proteção destinada a impedir que galhos e tocos obstruíssem o sistema. Os níveis de sedimento não eram medidos desde 1988. Mas em algum momento nas próximas décadas, a não ser que se investissem centenas de milhares de dólares em dragagem, o reservatório simplesmente chegará à sua capacidade máxima. "É outro círculo vicioso", disse-me Joanas Gué, secretário de Agricultura do Haiti, quando o visitei em seu gabinete, ao voltar para Port-au-Prince. Não só temos uma redução no potencial de produção de energia, como também temos de gastar dinheiro para desfazer os danos gerados pelo desmatamento.

"Sabe quantas árvores são derrubadas no Haiti a cada ano?", perguntou. "Treze milhões de árvores. É muito." O governo havia desenvolvido um ambicioso programa para plantar 140 milhões de árvores novas ao longo dos próximos cinco anos. Mas devido à velocidade do desmatamento, mesmo esse ritmo furioso seria equivalente a derramar água no meio do oceano. "Mesmo que tivéssemos um grande programa de reflorestamento com árvores frutíferas, mangueiras, abacateiros, elas acabariam sendo derrubadas", acrescentou.

"É preciso fazer tudo ao mesmo tempo", disse Gué. "Se plantar árvores, mas não oferecer outra fonte de energia e proibir as pessoas de derrubar árvores para usar como carvão, aumentará a demanda de uma alternativa que ainda não temos. O preço do carvão vai aumentar; haverá contrabando. Se, por outro lado, oferecermos uma fonte de energia alternativa ao povo de Port-au-Prince e não oferecermos outra fonte de receita aos camponeses, naquele momento o preço do carvão vai cair. Eles terão de derrubar muito mais árvores para suprir suas necessidades em termos de renda." O governo do Haiti, cujos recursos já são escassos, não consegue sequer manter em ordem as ruas da capital. Entretanto, para resolver os problemas do país – ou seja, melhorar os padrões aos níveis vigentes na República Dominicana, que já é um país pobre –, terá de resolver três quebra-cabeças ao mesmo tempo, e todos eles parecem estar além de sua capacidade. "Precisamos oferecer às pessoas uma fonte de geração de renda", disse Gué. "Precisamos de um programa de replantio. E precisamos criar uma fonte alternativa de energia."

Com governos fracos, vulneráveis aos pequenos choques, impedir a ocorrência de futuros conflitos como os de Darfur significará impedir que os países caiam nesse tipo de armadilha. Quando há chuva, as colheitas tolerantes à seca e ao sal melhorarão a vida no dia a dia. Estradas melhores facilitarão o acesso durante as emergências. Reservatórios e sistemas de irrigação podem ajudar as comunidades durante as secas ou absorver a água das enchentes. "Basicamente, o que precisamos é de melhor controle da água", disse Claudia Ringler, especialista no manejo de água do International Food Policy Research Institute, em Washington, D.C.

Em Darfur, onde a crise chegou a um nível que impossibilita qualquer solução no curto prazo, reconhecer a mudança climática como um ator no conflito significa buscar uma solução além de um tratado político entre os rebeldes e o governo. O PNUMA prevê que o deserto continuará se expandindo para as terras cultiváveis do Sudão, reduzindo a produção agrícola do país. Espera-se também que a queda na precipitação continue. "O conflito de Darfur começou como uma crise ecológica provocada, em parte, pela mudança climática", escreveu Ban Ki-moon, secretário-geral da ONU, em um editorial do *Washington Post*, em 2007. "O fato de a violência em Darfur ter surgido durante a seca não é coincidência."

"A paz em Darfur deve basear-se em soluções que abordem as causas básicas do conflito", continuou. "Estamos esperando o retorno de mais de dois milhões de refugiados. Podemos proteger as aldeias e ajudar a reconstruir as casas. Mas e quanto ao dilema essencial – o fato de não haver mais terras boas em quantidade suficiente?"

A experiência do Haiti com o desmatamento mostra como a pressão ambiental pode minar a capacidade de uma sociedade de lidar com seus efeitos. Em Darfur, as lutas pelas terras degradadas praticamente impossibilitam que se repensem a propriedade e o manejo da terra. Com a maior parte da população nos campos de refugiados, os grupos rebeldes lutam uns contra os outros e atacam os agentes de paz. A anarquia tomou conta do país. A não ser que Cartum decida cooperar, a criação de condições de negociação exigirá intervenções eficazes e permanência no longo prazo. "As chances de encontrar novas maneiras de reformar a gestão da terra durante uma época de conflito são praticamente nulas", disse Homer-Dixon. "A primeira coisa que temos de fazer é deter a carnificina e permitir que os moderados assumam a dianteira do processo." Trata-se de um feito e tanto, agravando ainda mais o meio hostil de Darfur. Em 2007, as autoridades da ONU digladiavam-se com a logística de deslocar 26 mil soldados da força de paz para uma região em que grupos humanitários mal conseguiriam oferecer aos refugiados alguns litros de água por dia. Cada soldado precisaria de mais de 80 litros de água por dia. A missão estava planejando 20 voos diários apenas para o transporte de água.

É melhor eles encontrarem os fundos para manter esses aviões no ar durante anos. Para criar um novo *status quo*, com a autoridade moral da ordem divina lamentada pelo pai de Musa Hilal, os líderes locais terão de deixar de lado acordos históricos e elaborar outros novos. Os estilos de vida e as práticas agrícolas provavelmente precisarão mudar para acomodar muitas tribos em terras mais frágeis. Serão necessários grandes investimentos e um esforço educacional. "Soluções impostas de fora raramente dão certo", disse Homer-Dixon. "Soluções locais para conflitos gerados localmente durarão mais. Mas esses processos podem levar décadas."

O impacto da mudança climática em um país equivale ao efeito da fome em uma pessoa. Se um homem que está passando fome sucumbisse à tuberculose ou fosse morto ao tentar roubar um pedaço de pão, não diríamos que ele morreu de fome. Mas a fome certamente desempenhou uma função relevante em sua morte. O aquecimento global em si não dá início a guerras, rebeliões ou campanhas de limpeza étnica. "O clima diminui a resiliência de uma sociedade", disse Homer-Dixon. "Torna-a mais frágil e mais vulnerável ao choque e a diversos tipos de patologias, inclusive à violência."

De todas as repercussões da mudança climática sobre a matança em Darfur, uma das mais significativas pode ser moral. Se o colapso da região tiver sido causado, em parte, pelas emissões de nossas fábricas, usinas e automóveis, temos certa responsabilidade pelas mortes. "Isso muda nossa posição – de bons samaritanos, pessoas desinteressadas, não envolvidas, que podem sentir uma obrigação moral – para uma posição em que nós, inconscientemente e sem malícia, criamos as condições que levaram a essa crise", disse Michael Byers, cientista político da University of British Columbia. "Não podemos mais ser apenas espectadores, vendo a situação sem qualquer envolvimento individual. Já estamos envolvidos."

2

"SOMOS UMA TERRA DISTANTE"
A COSTA DO GOLFO, AS ÁGUAS QUENTES
E A FUGA DO PARAÍSO

Era uma tarde ensolarada de verão ao largo da costa do sul da Flórida. O vento batia em nosso rosto e nosso pequeno barco balançava sobre as ondas. Os *jet skis* deixavam marcas na água encrespada. O capitão do barco era um ex-ator chamado Richard Grusin, que fizera o papel do treinador de luta livre de Tom Cruise no filme "Nascido em Quatro de Julho". Vestia uma camiseta azul e um calção de banho preto. Seus pés calosos estavam descalços. Ele parou o barco em um lugar calmo. A ilha de Key West era uma mancha embaçada no canto do horizonte. A água era azul-turquesa, mosqueada de marrom e amarelo pelo recife que ele me trouxera para ver.

Antes de sairmos, Grusin me disse que restaram somente 6% dos corais no santuário marinho ali perto e que a temperatura da água no verão variava entre 31ºC e 31,5ºC. "Poucos dias antes, ao chegar ao recife, medi a temperatura da água: quase 33ºC. Nunca a vi tão alta", declarou. "Você vai entrar na água. Não vai acreditar. É como entrar em uma banheira de água quente."

Andei até a lateral do barco com meu pé de pato, coloquei a máscara e perguntei o que eu deveria procurar. "Será bastante óbvio", ele respondeu.

Mergulhei no meio de um cardume de cauda amarela, achei meu rumo e parti na direção dos corais. O esporão mais próximo era cinza, cor de concreto, com pequenas manchas amarelas. Aqui e acolá, um coral cor de púrpura em forma de leque balançava. As fissuras ocasionais formavam uma mancha cor-de-rosa ou de laranja, mas a maior parte estava morta, espalhada pelo chão como um ossuário submarino. Pequenas colônias vivas – nenhuma delas maior do que meu braço – espalhavam-se como líquen sobre uma calçada. Cardumes de vermelhos se esquivavam dos robustos e coloridos peixes-papagaio. Precisei nadar em círculos cada vez maiores durante vários minutos para entender que isso era tudo o que eu ia conseguir ver ali.

Os cientistas que monitoram o recife dizem que o aquecimento das águas em torno das Florida Keys provocou um branqueamento em grande escala. As colônias de corais, estressadas por temperaturas fora do comum, expelem as algas simbióticas que lhes conferem suas cores radiantes, deixando-as brancas como ossos e enfraquecidas. Às vezes, elas se recuperam, reabsorvendo as algas. Mas, em geral, esse é o primeiro passo em direção à morte. Quando Grusin falou sobre os 6% de recifes vivos, imaginei uma ilha de corais florescendo; peixes, enguias e anêmonas em meio a rochas abandonadas. Em vez disso, os 6% estavam dispersos pelo leito do mar. Não prosperavam em parte alguma.

Juntou-se a mim na água o primeiro piloto de Grusin, David Pasquale, ou Old Gray Dave, um mergulhador experiente, que trabalhara em Key West nas décadas de 1970 e 1980, e acabara de voltar. Afundamos juntos, mergulhamos cerca de 4,5m de profundidade para procurar peixes sob uma saliência, não encontramos nada e voltamos à tona. Quando nos encontramos, perguntei-lhe o quanto o recife havia mudado durante sua ausência e ele me deu uma resposta realista, mas otimista: "Eu diria que se trata de uma mudança da água para o vinho", respondeu ele. "Mas é o melhor que você verá na vida, por isso trate de aproveitar." Cercado por tamanha devastação cinzenta, tive dificuldade de aceitar seu conselho. Quando chegamos à superfície, retirei minha máscara.

"É raro até ver um pouco de cor", comentei.

"É, eu sei", respondeu ele. "Quando voltei aqui, depois de 20 anos, quase chorei. Eles me perguntaram: 'Se você tivesse de usar uma única palavra para descrever o recife, que palavra usaria?' Respondi: 'Uma palavra? Como vocês descreveriam Hiroshima?'"

Voltei a colocar o respirador na boca e comecei a nadar em direção ao barco. O mar estava quente o bastante para não refrescar, e logo me cansei.

As colônias de coral podem estar entre as primeiras vítimas do aquecimento das águas, mas não serão as únicas. Se os recifes desaparecerem, os peixes os seguirão. Alguns mergulhadores podem ser atraídos ao local por destroços de navios naufragados, mas outros e os pescadores amadores terão poucos motivos para visitar a região. Tampouco o impacto da mudança climática se limitará aos ecossistemas submarinos. Os níveis do mar se elevarão pouco a pouco, a princípio, depois talvez mais violentamente. Os furacões serão mais fortes e mais perigosos. "As Floridas Keys desenvolveram um padrão de turismo que acompanha o ritmo da estação", disse Jody Thomas, diretora da Nature Conservancy para a Southern Florida Conservation Region. "Isso vai acabar. Que impacto isso terá sobre a economia da região? Essa região é um tipo de marco zero nos Estados Unidos desenvolvido. As mudanças climáticas nos afetarão primeiro, e seus efeitos serão deveras violentos."

Key West sempre extraiu do mar sua sorte, aproveitando-se das ondas de oportunidades e das brechas na lei. É a cidade de fronteira por essência, a cidade mais ao sul nos Estados Unidos continental. Ligada à Flórida continental desde 1912, primeiro por estrada de ferro, depois por rodovias, ela oscila como a última pérola de um grupo de ilhas pantanosas enfileiradas até o Caribe. A ilha produziu riquezas com o resgate de navios, fabricação de charutos e cultivo de esponjas marinhas. Delimita os caminhos marítimos estratégicos onde a Costa do Golfo se junta ao litoral leste. As rotas comerciais seguem até o sul, passando por Cuba, em direção ao Canal do Panamá. Durante a Lei Seca, Key West serviu como centro de contrabando de bebidas alcoólicas. A Segunda Guerra Mundial transformou-a em uma cidade militar, o satélite civil de uma base de submarinos vizinha. Na década de 1970, voltou-se para as drogas e para o tráfico de pessoas.

O último *boom* da cidade baseou-se no turismo. Antigo refúgio gay, Key West abriu suas portas tanto para o mercado de massas quanto para resorts, aproveitando esquizofrenicamente sua reputação de devassidão e local distante. É uma ilha tropical, um excelente destino para crianças em férias. Resume-se a bebidas, drogas, nudez. Sol e praia, família e diversão, mergulho e esqui aquático. Lá, só é preciso deixar a vergonha de lado.

O passeio de 1,5km pela Duval Street, a principal rua da cidade, começa com o Golfo do México às suas costas. Há bares mexicanos, bares irlandeses, bares cubanos, bares esportivos, bares para coquetéis, bares comuns e um bar de strip-tease no andar de cima. Vitrines expõem chapéus e cachimbos, bongôs e tangas, camisetas com os dizeres "Marilize Legjuana" e roupas íntimas estampadas com "Eu ♥ peidar". Mais ou menos no meio do caminho, o humor começa a mudar. Logo depois do Garden of Eden – famoso bar da cidade onde o uso de roupas é opcional –, há uma Starbucks e, do outro lado da rua, uma loja da Banana Republic. Corais e conchas enchem as vitrines das lojas. Um estabelecimento apresentando *drag queens* cantoras é o último toque de devassidão da rua e serve como portão para o bairro gay da cidade, uma faixa de imponentes hotéis, bistrôs elegantes e belos cafés que dominam o lado atlântico da avenida. Aqui e ali, protegido das multidões, um Hyatt ou um Westin abaixa seus portões e vira as costas para o mercado de massas e se volta para as águas quentes do Caribe.

"Todos estão ficando alarmados", disse Grusin. "Essa água azul costumava chegar até a praia. Agora, durante boa parte do verão, a água fica verde, por causa dos nutrientes na água, da poluição e da temperatura. As algas se alimentam dos nutrientes. Portanto, a menos que a corrente do Golfo chegue, a água azul dificilmente surgirá aqui de novo."

"Muitas pessoas que trabalham próximo da água estão começando a ter infecções por estafilococos", continuou. "Eu tive uma. E Dave quase morreu por causa de uma infecção."

"Tomei sol demais e meus lábios racharam", disse Pasquale. "E continuei trabalhando. Apareceu um caroço em meu pescoço. E um dia Richard disse: 'Você está com um aspecto horrível, o que está acontecendo?' Então respondi: 'Estou me sentindo péssimo.'"

Pasquale disse a seus patrões que ia tirar uns dias de folga, foi até o trabalho da esposa e adormeceu no caminhão, enquanto esperava que ela terminasse seu turno. "Quando ela saiu, todo o lado de meu pescoço tinha inchado e ficado do tamanho de uma bola de futebol", contou. "Meus nódulos linfáticos pareciam uma cadeia de montanhas. Eles me levaram rapidamente para o hospital e eu disse: 'Eu só queria ir para casa e dormir.' E eles me disseram: 'Você nunca mais ia despertar.'"

"Tomei muitas injeções e antibióticos fortes. Fiquei quase seis semanas sem trabalhar. Ficava cansado só de levantar para tomar um copo de água. Dormia muito. Eu acordava, ia ao banheiro e já me cansava. A mulher que trabalhava comigo me dizia que estavam atendendo de cinco a sete casos por dia."

A casa de Jody Thomas em Key West fica do outro lado do cemitério, o ponto mais alto da ilha, 5,5m acima do nível do mar. A Nature Conservancy uniu-se ao National Marine Sanctuary e outros para estudar o branqueamento dos corais, na esperança de encontrar formas de mitigar os estresses da mudança climática ou se adaptar a eles. Porém, cada vez mais, eles estão voltando a atenção para o que está nas praias. Chris Bergh, diretor do programa Conservancy's Florida Keys, estendeu um cartaz laminado no chão de madeira da casa de Thomas. Sobre ele, havia um grande mapa em relevo de Big Pine Key, uma ilha nas Keys onde a Nature Conservancy é parceira em uma reserva para cervos, e onde Bergh morava. Em todo o mundo, a temperatura da superfície do mar subiu quase 0,5°C durante o século XX. À medida que continuarem a esquentar, as águas se expandirão. Quatro mapas menores mostravam a mesma ilha sob diferentes níveis de elevação das águas. O primeiro mostrava uma elevação do nível do mar previsto para o final do século sob as condições mais otimistas, um cenário que presume que o mundo tomará medidas agressivas no combate às mudanças climáticas. A elevação de 20cm havia inundado 16% da ilha. A água invadira algumas ruas e, sem dúvida, o andar térreo de muitas casas.

Os dois outros mapas se baseavam em pressupostos mais realistas e o mar subia ainda mais. Em um cenário de rápido crescimento da economia mundial com pequena atenção às mudanças climáticas, caminho que o planeta trilha agora, as águas haviam subido 60cm. As ondas invadiriam mais da metade da ilha. O mapa final de Bergh refletia o trabalho do climatologista alemão Stefan Rahmstorf, que deixava de lado os modelos de computador e simplesmente projetava as tendências atuais para o fim do século. Big Pine Key estava quase inteiramente debaixo do mar, com apenas alguns telhados e terras altas elevando-se sobre as ondas. "O importante é que não sabemos onde estaremos nesse espectro", disse Bergh. "Além disso, tempestades violentas e mudanças abruptas poderiam fazer isso acontecer muito mais rápido."

"Estamos falando de assuntos que jamais abordamos antes", disse Thomas. "A Nature Conservancy precisa começar a dizer: 'Quanto vale nosso investimento para nós? Será que devemos continuar investindo?'"

"Não estamos mais comprando terras aqui", continuou Bergh. "Nos lugares em que os níveis do mar estão subindo, há vencedores e perdedores. Certamente é pior para nós, que vivemos na ilha. E é pior para as espécies terrestres. No entanto, tudo isso pode se transformar em meio ambiente marinho. Mesmo quando tudo isso estiver debaixo da água, ainda nos importaremos. Continuará sendo parte da missão da Nature Conservancy, mesmo quando houver coral aqui e peixe ali, em vez de cervos e plantas. Se pudermos ter a energia e o dinheiro que gastaríamos para comprar terras e preparar o meio ambiente terrestre para ser um bom futuro meio ambiente marinho, valeria a pena. Assim, se houver um depósito de lixo tóxico, vamos limpá-lo agora, antes que vá para debaixo da água e se espalhe pelo futuro meio ambiente marinho."

"Nossa estratégia é usar esse lugar como um exemplo dos motivos pelos quais devemos tentar reduzir os impactos da mudança climática e os prejuízos por ela gerados", explicou Thomas. "E também usá-lo como um lugar para encontrar uma forma de nos adaptar.

Seremos uma experiência que as outras pessoas poderão ver e com a qual poderão aprender."

A estação dos furacões no Atlântico atinge seu pico em agosto e setembro, pois é quando a água está mais quente. Sendo todos os outros fatores iguais, a elevação das temperaturas do oceano significa ventos mais ferozes e chuvas mais cruéis. A relação entre aquecimento global e furacões é um dos tópicos mais debatidos no campo da mudança climática. A atividade das tempestades ocorre em ciclos que podem duras décadas. Os resultados gerados pelos modelos de computador costumam ser vagos. E os dados são fragmentados: a tecnologia avançada – aviões "caça-furacão" e satélites meteorológicos – significa que sabemos muito mais sobre o passado recente do que o que aconteceu mesmo há algumas décadas.

No entanto, a ciência está chegando ao consenso de que, embora os mares quentes não aumentem a frequência das tempestades, têm o poder de transformar tempestades tropicais em furacões e de transformar fortes tempestades em cataclismos regionais. Para aqueles que sofrerão seus efeitos, a distinção entre frequência e intensidade provavelmente parecerá acadêmica. No final do século, a concentração de dióxido de carbono na atmosfera poderia triplicar a quantidade de furacões que atingem a categoria cinco na Escala de Furacões de Saffir-Simpson, com ventos capazes de destruir praticamente tudo, exceto os prédios de concreto mais bem reforçados. Apesar das mudanças climáticas, os especialistas em furacões esperam um aumento repentino do número de tempestades, o ressurgimento de um ciclo de longo prazo cujo último pico ocorreu na década de 1960. Se esse aumento natural da frequência for associado ao aquecimento das águas, as próximas décadas podem testemunhar o início de uma violência meteorológica sem precedentes.

Entre 1966 e 2003, somente um furacão de grande intensidade atingiu o litoral da Flórida. Só em 2004, quatro atingiram o local, um recorde. Dois deles atingiram a mesma faixa litorânea, com uma diferença de três semanas entre si. Um quinto varreu a Carolina do Norte.

A estação seguinte, de 2005, foi a mais ativa já registrada, com 14 furacões. Quatro tempestades inéditas atingiram a categoria 5. O furacão Emily foi a primeira tempestade da categoria 5 jamais registrada. O furacão Wilma, ao largo da costa de Cuba, foi o mais intenso furacão jamais mensurado no Atlântico. A Flórida e a Louisiana foram atingidas duas vezes. O Texas, uma vez. O furacão Katrina atravessou o sul da Flórida como uma tempestade de categoria 1, atingiu a categoria 5 nas águas anormalmente quentes do Golfo e chegou à Louisiana e ao Mississippi na categoria 4, com ventos de aproximadamente 225km/h e uma elevação repentina de 9m no nível da água. Destruiu diques em Nova Orleans, inundou 80% da cidade, matou 1.800 pessoas e deixou isoladas outras dezenas de milhares, no alto dos telhados e em abrigos improvisados, cercadas por uma mistura fétida de águas sujas, resíduos industriais e água doce. Causou prejuízos na ordem de US$81 bilhões, o que o tornou o desastre mais caro na história dos Estados Unidos.

Tendo a Flórida como o ponto final de duas estações violentas, o furacão Wilma chegou à costa bem ao norte das Keys. A tempestade perdeu força ao atravessar a península de Yucatan, no México, mas depois cruzou o Golfo, alimentando-se de seu aquecimento. O Wilma passou a 115km a noroeste de Key West, dando à ilha um mero sopro à medida que invadia o sul da Flórida.

A cidade fora evacuada cinco vezes em 15 meses, mas jamais havia sido atingida diretamente. Duas estações de ameaças de furacões deixaram os habitantes esgotados e falidos. Dessa vez, muitos haviam evacuado a região. Por algum tempo, parecia que a ilha se esquivara do golpe final do furacão. Ledo engano.

Billy Wardlow, na época chefe dos bombeiros de Key West, estava no quartel diante da praia quando viu a água começar a levantar os barcos nas docas, ao longo da rodovia. O aumento repentino da intensidade da tempestade foi gradual, mas os ventos cortavam as ondas. "Ele veio bem direto, pelo meio da rua, acima do anteparo de nosso quartel de bombeiros", recorda-se Wardlow. "No estacionamento ao lado, dava para ver a água chegando às janelas dos carros. Com o sistema elétrico dos automóveis em pane, seus vidros elétricos começaram a subir e descer. Os barcos da polícia e dos bombeiros estavam atracados na pequena alameda. A água atingiu uma profundidade tal que os fez flutuar." As águas subiram quase 2m antes de diminuir. Vagalhões atravessavam as ruas da cidade. Palmeiras se debatiam nas águas cinzentas. "Eu só conseguia pensar no Katrina", disse Wardlow. "O que vou fazer com essas pessoas? Temos 25 mil pessoas, a água está chegando e não vamos conseguir tirar os caminhões de dentro do quartel de bombeiros." Então os ventos diminuíram, as ondas se acalmaram e o oceano lentamente retrocedeu.

"O Wilma poderia ter sido muito pior", disse Matt Strahan, o meteorologista encarregado do escritório do National Weather Service em Key West. "O vento chegou aqui com picos de aproximadamente 130km a 145km/h. Jogava a água dentro dos bancos de areia da baía e não tinha para onde ir, portanto veio descendo, atravessando as Keys. Quando a elevação chegou ao máximo aqui, a tempestade estava passando. Foi então que começou a ventar do norte, ajudando a empurrar a água em nossa direção. No entanto, foi uma elevação bastante suave. Inundou tudo, mas não causou grandes danos."

Strahan havia resistido à tempestade no recém-construído quartel-general, resistente a furacões; quando o visitei, ele se ofereceu para me mostrar o lugar. O piso, que havia custado US$5,1 milhões, estava mais de 4m acima do nível do mar, mais alto do que a elevação máxima teórica. Havia quartos com catres e sofás, um gerador de reserva e prateleiras onde havia baterias de automóveis enfileiradas para garantir que jamais faltasse luz. As janelas tinham trancas e vidros à prova de furacões. As paredes foram projetadas para suportar ventos de mais de 265km/h. "O quartel foi projetado basicamente como um forte", disse Strahan. Os banheiros eram os santuários. Com paredes reforçadas, eles foram construídos para suportar ventos de 400km/h. As pesadas portas de metal aferrolhadas se abriam para dentro, o que garantia que sua abertura não seria bloqueada por destroços. "O projetista garante que, por seu design, poderiam suportar o peso de um carro", disse Strahan. "Ventos de 320km/h são capazes de lançar automóveis no ar. Quer saber o que os especialistas pensam que pode acontecer em Key West? É isso."

Strahan abriu um mapa da cidade no computador. Seu escritório ficava em White Street, a linha divisória entre o que os habitantes locais chamam de Cidade Antiga e Cidade Nova. Ao sudoeste dali, encontra-se o centro histórico, o ponto mais elevado do povoado original. O outro lado desenvolveu-se nas últimas décadas, durante o grande período de calmaria na atividade dos furacões. A maior parte estava pouco mais de 1m acima ou abaixo do nível do mar. Quase tudo havia sido inundado durante o Wilma. Strahan mostrou uma parte bastante baixa de Key West denominada Stock Islan, que se desenvolveu na década de 1950. Cerca de um terço foi doado ao clube de golfe da cidade. O restante estava coberto de parques para acampamento, docas com lojas e moradias baratas. "Desde que tudo isso foi construído, um furacão forte ainda não atingiu essa área", disse Strahan. "O simples fato de colocarem pessoas em lugares em que elas não costumavam viver significa que elas estão expostas ao perigo."

Antes uma faixa de pântano e brejo, Stock Island foi separada do restante de Key West em 1846, quando um violento furacão atingiu a ilha, destruindo tudo, menos seis das 600 casas, e abrindo um canal pelo pântano. Em 1919, uma tempestade próxima da categoria 4 varreu Stock Island com ondas de mais de 4m de altura e um vagalhão de tempestade de mais de 3m.

"É claro que esses desastres não acontecem com muita frequência; do contrário, viveria aqui hoje", continuou Strahan. "As chances de ocorrerem são muito escassas, mas um dia vai acontecer. Há 7.100 pessoas vivendo na ilha. Mesmo que metade fosse retirada, umas 3.500 pessoas desapareceriam, o que é mais do que a taxa de mortalidade de qualquer furacão, com exceção de Galveston, em 1900. E isso em apenas uma pequena ilha nas Keys, que há 50 anos não tinha morador algum."

"As pessoas em Key West lhe dirão. 'Minha casa está aqui há mais de 100 anos, portanto deve ser uma construção forte, porque já resistiu a muitos furacões," disse Strahan. "Pesquisei a história dos furacões este ano. Os recordes de Key West remontam a 1870. E desde 1870 Key West jamais vivenciou ventos de mais de 175km/h ou ventos constantes mais fortes. Talvez as casas sejam bem construídas, mas não há registro histórico de que sejam adequadas. Conheço uma pessoa que mora em um trailer em Stock Island cujo piso deve estar a mais de 1,5m acima do nível do mar, e que me diz: 'Meu trailer está ali há 50 anos. Deve ser bem forte.'"

Um furacão não precisa tocar o solo para causar danos permanentes. Os furacões parecem monstruosos quando vistos de um satélite e uma cidade sob a fúria de um deles vive grande pesadelo. Mas os ventos mais fortes encontram-se no olho do furacão. Todas as comunidades, menos as mais próximas do olho do furacão, resistem às rajadas menores até das maiores tempestades. As ondas provocadas por uma tempestade têm maior impacto, mas os grandes danos estão mais relacionados às evacuações e aos seguros do que ao vento ou à água. Um furacão coloca uma cidade em risco, mas uma série de tempestades ameaça a economia de uma região inteira.

"Mesmo que não sejamos atingidos, uma tempestade nos faz perder uma ou duas semanas de atividade comercial", disse Ed Swift, empresário de Key West. "Temos uma lei que diz que, durante a evacuação para a chegada de um furacão, somos obrigados a fechar os hotéis e forçar os hóspedes a saírem 48 horas antes da chegada da tempestade. É claro que ninguém que atua nessa área quer correr o risco de errar; por isso avisam com antecedência e evacuam os hotéis."

"E quando isso acontece, todos os funcionários do negócio que dependem de gorjetas – *bartenders*, garçons e garçonetes – ficam sem trabalho", continuou. "Esses caras costumam depender do salário para viver mês a mês. Não podem pagar o aluguel. O proprietário dos apartamentos que aluga para gerar renda diz: 'Droga, agora não vou poder pagar a prestação da casa própria.' Então deixa de fazer um conserto no telhado, e o cara que conserta o telhado também fica sem trabalho."

"A comunidade reage bem", disse. "Mas o que esses furacões fizeram quando nos atingiram seguidamente – bang, bang, bang, julho, agosto, bang, setembro, *boom* – foi exaurir a cidade. Foi preciso todo esse tempo desde a inundação para reconstruir o espírito da cidade."

Depois do Katrina, as seguradoras dificultaram a obtenção de seguros ao longo de toda a costa. Do Texas às praias de Cape Cod, a oferta de cobertura de seguro diminuiu e os preços aumentaram. A Allstate, a segunda maior seguradora de automóveis e residências do país, sofrera US$5,7 bilhões em prejuízos relacionados a catástrofes em 2005. Das 10 catástrofes mais caras já recompensadas por seguros, sete aconteceram nos últimos dois anos. A empresa já havia começado a deixar de comercializar apólices de seguro na Flórida. Agora, anunciou que não renovaria as apólices no Texas e na Louisiana. Em 1938, um furacão de categoria 3 atingiu a Nova Inglaterra, matando 600 pessoas. Os estudos sugerem que uma repetição poderia provocar danos da ordem de US$200 bilhões. A Allstate anunciou que não venderia novas apólices para proprietários de imóveis em Nova Jersey, Connecticut, Delaware, na Cidade de Nova York ou em Long Island. "Acreditamos no que os cientistas estão nos dizendo", disse um porta-voz da empresa à revista *Newsweek*. "O país está iniciando uma era na qual enfrentaremos furacões mais frequentes e mais intensos. Acreditamos que seria péssimo para os negócios continuar a aumentar nosso risco."

As estações de 2004 e 2005 foram definitivas para o setor de seguros, gerando pedidos de indenização de US$5,6 milhões e desembolsos de US$8,1 bilhões. Comparativamente, os prejuízos provocados por furacões durante os dois anos anteriores foram de US$2,2 bilhões. "Havia um cara em Zurique para o qual você podia ligar no dia após um grande furacão e ele diria com bastante exatidão quais seriam os prejuízos para a empresa", lembrou Chris Walker, que na época chefiava a Greenhouse Gas Risk Solution Unit da Swiss Re, a maior resseguradora do mundo. "Ele examinava os sistemas e via o que estávamos segurando naquela região, por onde a tempestade havia passado, e estimava quais seriam nossos gastos."

"Dessa vez, errou porque não levou em conta o fator interrupção dos negócios", continuou Walker. "A absoluta magnitude da devastação significou que, no McDonald's que foi danificado, por exemplo, sendo todos os outros fatores iguais, as janelas e o telhado poderiam ter sido reparados em poucos dias. E a lanchonete poderia voltar a funcionar. Agora as coisas não funcionam mais assim. Mesmo após os reparos, não há clientes. Não há fornecedores."

"Em 2004, tivemos quatro furacões em rápida sucessão atingindo a mesma área", disse Chris Winans, vice-presidente para relações com a mídia do AIG (American International Group). "Há um novo fator de risco em jogo. Uma coisa é explicar como um furacão danifica uma estrutura. Outra é explicar o fato de um segundo furacão, logo em seguida, danificá-la novamente. Em qual estágio se está no reparo do primeiro quando surge o segundo?"

Para aqueles que sofrem com o impacto do aquecimento global, as estações "gêmeas" dos furacões só fizeram confirmar seus piores temores. Já em 1992, o investidor Warren Buffett havia advertido que "as seguradoras de catástrofes não podem simplesmente extrapolar a experiência passada". "Se há, de fato, um 'aquecimento global'", ele escreveu, "as coisas mudariam, já que mudanças mínimas nas condições atmosféricas podem provocar enormes mudanças nos padrões do clima."

Os prejuízos relacionados ao clima vêm se acelerando com uma velocidade de crescimento 10 vezes maior do que os prêmios e a economia como um todo. De aproximadamente US$1 bilhão por ano em 1970, passaram a uma média de US$17 bilhões por ano em 2003. A Swiss Re mantém três climatologistas em seu quadro de funcionários. Em um relatório divulgado um pouco antes da temporada de 2004, a empresa havia previsto que outra década de aquecimento global imporia às seguradoras US$30 bilhões e US$40 bilhões em pedidos de indenização relacionados ao clima todo ano. E, com o Katrina, o setor estava enfrentando aquilo apenas com os furacões. Será que o futuro já havia chegado?

"Todo o funcionamento do seguro se baseia no fato de que o passado é um prognosticador preciso do futuro", disse Walker, hoje diretor Climate Group para a América do Norte, uma coalizão de empresas e governos que trabalham em ações relacionadas ao aquecimento global. "E, se o passado não é mais um prognosticador preciso – porque o clima mudou –, começam seus problemas. Você não sabe mais qual é um bom valor para o seguro de uma casa em Key West. Um evento que ocorreria de 100 em 100 anos hoje acontece a cada 50? A cada 20? A cada 10?

"Se fosse um movimento linear – uma elevação de um grau equivaleria a mais uma tempestade –, seria possível calcular, e provavelmente seria o sonho de qualquer atuário", disse Walker. "Mas não é. Em 2007, houve um grande incêndio na Flórida durante a estação de chuvas em vários condados, simultaneamente. Isso é muito estranho. Não considero a Flórida um lugar seco, sujeito a incêndios florestais. A Califórnia, sim. Costumo usar o termo 'mudança climática', em oposição a 'aquecimento global'. Porque estará mais quente em alguns lugares. Alguns lugares terão mais chuva. Outros, menos. Se a mudança climática muda os dados nos quais você se baseia como seguradora, como definir preços? Como desenvolver modelos? E se você não definir preços nem modelos, está apenas jogando?"

As secas de Darfur e os furacões na Costa do Golfo foram apenas possíveis sintomas de uma mudança que varre o mundo inteiro, disse Robert Muir-Wood, diretor de pesquisas da RMS, uma grande empresa de modelagem: "Há algumas áreas que parecem estar totalmente imunes hoje, mas quais áreas serão, ou não atingidas, isso é aleatório." O aumento do preço dos seguros ao longo de toda a costa foi simplesmente um reconhecimento do aumento do risco. "Estamos apenas reagindo ao fato de que a atividade dos furacões aumentou", disse. "A mudança climática não surgirá no futuro. Já está ocorrendo. E o futuro provavelmente será mais ou menos assim."

O mundo ainda não definiu um preço formal para o carbono. Os motoristas não pagam na bomba de gasolina pelo impacto esperado da utilização do meio de transporte. Tampouco incorporamos às nossas contas de luz o dano futuro do ar-condicionado, da iluminação e dos eletrodomésticos. No entanto, o aquecimento global tem um custo, o qual, por enquanto, se reflete no aumento dos preços de alguns tipos de seguro. Se houver aumento do preço do seguro em lugares próximos da água, isso reflete um mundo que vem se tornando mais perigoso, pelo menos em parte por causa da mudança climática. Então, comunidades como Key West e Nova Orleans, bem como todas aquelas acima e abaixo no litoral do Atlântico e do Golfo, já começaram a pagar pelas emissões do mundo.

As águas do Wilma baixaram rapidamente, mas os danos provocados pela temporada de tempestade tinham apenas começado. Os moradores da cidade ainda estavam limpando os estragos da enchente quando a seguradora estadual anunciou que as repetidas enchentes haviam acabado com suas reservas, provocando prejuízos de US$1,5 bilhão. O preço do seguro em Key West, diziam, estava abaixo da média e seria majorado. Os prêmios, já entre os mais altos no estado, de repente triplicaram. "As seguradoras estão arruinando nossa economia com suas previsões", afirmou o reverendo Raymond Shockley, pastor da Church of God. "Estão usando o medo para nos destruir. Somos expostos a furacões há muito tempo e sobrevivemos a eles. Mas não podemos sobreviver ao preço do seguro contra furacões." A igreja de Shockley, alguns metros abaixo do National Weather Service, na White Street, sofreu US$50 mil em danos, provocados pelos ventos e pelas águas do Wilma. A inundação na paróquia derrubou uma cerca e infiltrou o andar térreo, arruinando os tapetes, destruindo os utensílios e a mobília de madeira prensada. Rajadas de vento sopraram por uma janela de estilo antigo e a água da chuva atingiu a parede do fundo do santuário. "Durante algum tempo, ficou uma mancha na parede, como se fosse um crucifixo expressionista", disse Shockley. "Depois consertamos a parede e a repintamos."

Shockley é um homem grande, de rosto largo e rosado, e nariz largo acima de um bigode fino e grisalho. Usava uma camisa preta de mangas curtas abotoada até em cima e óculos sem aro.

Seus cabelos grisalhos estavam cuidadosamente penteados. Há uma doçura profunda em seu sotaque e um toque teatral em seus gestos. A igreja que dirige é um negócio familiar. O filho, bispo, dá aulas sobre a Bíblia e conduz a música durante a missa. A nora trabalha na escola dominical e ajuda na biblioteca cristã da igreja, a única existente num raio de 240km. A congregação sustenta orfanatos e igrejas na África e na América Central. Em Key West, serve como local de reunião e prece para os moradores da cidade e de refúgio para os visitantes.

"Se a Bíblia tivesse sido escrita nos Estados Unidos, Jesus teria dito que o filho pródigo foi para Key West e perdeu sua essência", disse Shockley. "Somos uma terra distante. As pessoas vêm para cá, mergulham nesse estilo de vida, começam a beber e se drogar. Logo estão se expondo a aventuras sexuais que as deixam doentes."

"Então descobrem a igreja", continua ele. "Mais de uma vez, tivemos um filho pródigo vindo para cá, ou uma filha; eles vêm por si e descobrem que precisam de Deus e de orientação para sua vida. Já comprei várias passagens de ônibus para ajudar um cara a sair daqui. Precisei ir até a cadeia do condado e aconselhar noivos que se casaram aqui e antes da lua-de-mel estavam presos por causa das drogas, deixando as noivas esperando em pé, na rua."

O jovem pastor da igreja, de 26 anos, um técnico em computação do sistema escolar de Monroe chamado Andrew Hish, uniu-se a nós. Usava tênis, jeans e uma camiseta com gola azul-marinho. Tinha um corte de cabelo curto e juvenil.

"Andy está tentando comprar uma casa", disse Schockley.

"A oferta é grande no mercado", disse Hish. "Basta encontrar uma na qual os preços do seguro não sejam de matar", acrescentou. Para comprar uma casa, Hish precisava de financiamento, e o banco exigia que ele tivesse seguro contra furacão e inundação. Os prêmios do seguro, mais as prestações mensais, colocavam toda a ilha fora de seu alcance.

"Andy tem uma linda mulher e dois filhos", disse Shockley. "Sofre muita pressão. Ele poderia ganhar mais em outro lugar, onde o custo de vida não é tão alto."

"Perdemos vários professores", disse Hish. "Professores jovens, muito bons, que não conseguiram morar aqui por causa disso. Muitos estariam dispostos a ficar se pudessem arcar com o custo da casa própria. Mas mal conseguem pagar o seguro. Conheço professores casados que ganham facilmente US$100 mil por ano e não conseguem pagar o seguro."

"E, sempre que uma dessas famílias vai embora, também deixa a igreja", disse Shockley. "As igrejas são sustentadas principalmente por doações individuais. Assim, quando se dobra ou mesmo triplica o preço do seguro de meus paroquianos, sobra menos dinheiro para dividir com a igreja." Sockley se levantou e saiu de trás de sua mesa. Uma música de coral começara a vir do santuário. Uma reunião de oração estava prestes a começar. "Então, para resumir, quando cheguei aqui, nosso custo anual com despesas de seguro era de cerca de US$1.500 por ano. Atualmente, pago US$1.500 por mês."

Depois do Wilma, o corpo de bombeiros perdeu 13 de seus 73 funcionários. Alguns, como Wardlow, o ex-chefe dos bombeiros, se aposentaram. Mas a maioria se mudou. "Eles simplesmente não podiam pagar os preços do seguro, além do financiamento do imóvel e todo o resto", disse Wardlow. O custo de vida em Key West já tornou um desafio encontrar e manter trabalhadores. Agora os proprietários de imóveis estão pensando em se desfazer deles. "É literalmente uma batalha pela alma dessa comunidade", declarou um morador ao *Miami Herald*. "Uma empresa pode aumentar seus preços e conseguir faturar mais algumas centenas ou milhares de dólares extras, dependendo do porte", disse Swift, o construtor. "Mas para o assalariado, é muito mais difícil quando o dono do imóvel chega e diz: 'Olha, sinto muito, mas eles dobraram o preço de meu seguro e vou ter de aumentar o aluguel este ano.'" "Os funcionários aqui ganham US$30 ou US$40 mil por ano", disse Wardlow. "E é disso que precisamos aqui. Precisamos de policiais, de bombeiros. Precisamos de pessoal para trabalhar nos restaurantes. Precisamos de pessoal para trabalhar nos hotéis."

Dois anos depois do Katrina, Nova Orleans ainda estava longe da recuperação. A cidade voltara a ter dois terços da população anterior à tempestade, mas a polícia continuava operando em trailers. Menos da metade das escolas da cidade haviam sido reabertas. Dos 20 hospitais da cidade, 10 permaneciam fechados. Na estrada interestadual, encontrei cinemas abandonados e grandes lojas destruídas. Ervas daninhas cresciam em estacionamentos, e shoppings abandonados mostravam sinais de danos causados pelo furacão. Nas áreas mais atingidas, as casas enfileiravam-se em uma sucessão de tábuas, destruídas. Águas estagnadas haviam transformado bairros de classe média ascendente em símbolos de fracasso urbano.

No longo prazo, os efeitos econômicos da catástrofe foram tão corrosivos quanto as próprias águas da enchente – e ainda mais duradouros. Novos problemas exacerbaram a já famosa corrupção, crime e burocracia da cidade. Os impostos prediais deram um salto, à medida que o número de contribuintes diminuía. O preço do seguro aumentara alucinadamente. Os que antes viviam com folga estavam vivendo no limite. Os que viviam no limite tinham sido expulsos. Quando visitei a cidade, o tempo estava quente e abafado – a sensação era de que desabaria uma tempestade a qualquer instante. A cidade ainda lutava para respirar.

"O seguro será um fator crucial para a reconstrução ou a destruição da economia local", declarou Paige Rosato, uma advogada especializada na área de seguros. "Há pessoas que, dois anos depois da tempestade, ainda estão esperando para voltar para casa. Há os que desejam vender seus imóveis; há compradores, mas eles não conseguem arcar com o custo do seguro, e assim a venda não se concretiza." Na época do Katrina, Rosato atuava em um escritório de advocacia especializado em defender as seguradoras dos pedidos de indenização dos segurados. O Katrina mudou sua vida. Rosato e sua família se refugiaram dos ventos na casa dos pais, em Baton Rouge; ao voltarem, descobriram que sua casa fora completamente destruída. "A árvore de um vizinho caiu na diagonal, destruindo cinco cômodos da casa", disse ela. "A árvore de outro vizinho destruiu a frente da casa.

Aqueles cinco cômodos ficaram totalmente expostos ao vento e à chuva. Parecia um baralho de cartas que implodira."

Antes do Katrina, o trabalho de Rosato consistia principalmente em defender os clientes de ações judiciais movidas por terceiros. No entanto, à medida que as águas secavam e Nova Orleans começava a se reerguer, ficou claro que a empresa agora estaria protegendo as seguradoras de descontentes detentores de apólices. Rosato decidiu se demitir. "Ao pesquisar as normas de seguro, comecei a entender que as mesmas defesas que se aplicam aos pedidos de pagamento de indenização comerciais se aplicariam aos proprietários de imóveis", explicou. "E eu não queria fazer parte disso. Queria, sim, impedir que isso acontecesse." Ela permaneceu em Baton Rouge, passou a fazer lobby a favor da reforma dos seguros e a defender clientes que se sentiam enganados pelas seguradoras.

Rosato vestia uma blusa de seda azul-turquesa abotoada na frente e calça comprida marrom com flores turquesa. Usava os óculos escuros no alto da cabeça e um colar de pérolas com um pingente de prata em forma de anjo. Durante a nossa conversa, houve momentos em que seus olhos se encheram de lágrimas. "Na época, meus sogros estavam com 90 anos. Eles tinham sua apólice de seguro há mais de 60 anos pela mesma seguradora e inicialmente receberam uma oferta insignificante de indenização. A casa deles foi inundada por mais de 1m de água, e eles foram realocados para o Texas."

"Em março, eles decidiram: 'Queremos voltar; queremos ver nossa casa; queremos ver a cidade'", disse Rosato. "Meu cunhado os levou até lá. Nós os apanhamos no aeroporto. Fomos até a propriedade. Havia trailers da Federal Emergency Management Agency alinhados ao longo da rua. Não ficamos ali nem 10 minutos. Meu sogro disse: 'Já vi tudo que tinha que ver.' E morreu 10 dias depois. Ele sabia que não iria voltar para casa."

Franquias, indenizações irrisórias, coberturas inadequadas e o custo de construção cada vez mais elevado significavam que muitos dos clientes de Rosato que tinham casa própria há décadas agora tinham de enfrentar empréstimos vultosos. As indenizações que receberam do seguro não cobriram o custo da reconstrução. "Eles já haviam quitado a prestação da casa própria há 20 anos. Agora têm de arcar com um financiamento e, além disso, enfrentam um seguro altíssimo que muitas vezes é igual ao saldo do financiamento da casa própria. São pessoas desesperadas. Tive muitos clientes, idosos, não apenas um ou dois, que chegavam a meu escritório chorando, perguntando o que iriam fazer. Antes, tinham de decidir entre usar o dinheiro para comprar remédios ou comprar comida. Agora, precisam decidir entre os remédios e o seguro. Ficam entre a cruz e a caldeirinha."

Enquanto isso, no mercado comercial ligeiramente regulado, as seguradoras estavam reduzindo a exposição sempre que podiam. "Vi os preços quadruplicarem", disse Anderson Baker, presidente da Gillis, Ellis and Baker, uma seguradora de Nova Orleans. "Vi franquias do seguro contra furacões aumentarem a ponto de os compradores das apólices de seguro dizerem: 'Esqueça. Jamais sofrerei danos dessa magnitude provocados por tempestades de vento. Prefiro ficar a descoberto.'" Noventa por cento dos edifícios de seus clientes haviam perdido a cobertura depois da tempestade. Os preços não apenas tinham aumentado muito, como também as seguradoras hesitavam até em emitir apólices. Baker fora a Bermuda, Londres e Washington na tentativa de encontrar empresas que o fizessem. "Nunca tivemos de adquirir cobertura contra vento separadamente", disse. "Hoje, não é raro termos pelo menos duas apólices e então, dependendo da magnitude do risco, podemos dividir entre três, quatro, cinco ou seis seguradoras até alcançar o nível de cobertura necessário. Antes do Katrina, acho que jamais dividi uma apólice em minha carreira. Agora é uma coisa comum."

Baker, nascido e criado em Nova Orleans, usava terno de algodão com listras brancas e azuis. Tinha o rosto enrugado, mas expressão jovial, e cabelos espessos; usava gravata vermelha e sapatos pretos de verniz. Ele reclamava do que o preço dos seguros estava fazendo com a cidade. Os preços tinham se estabilizado entre duas ou três vezes a mais dos níveis vigentes antes da enchente. Enquanto isso, em qualquer outro lugar do país, longe do litoral, os preços começavam a cair. "Muitas pessoas estão dizendo: 'Esse é mais um motivo pelo qual não fico mais aqui'", segundo Baker. "E começam a se mudar para Atlanta, Dallas ou Houston. Esse é o maior problema do preço do seguro. Não é que seja alto em toda parte, mas é alto aqui."

Os altos preços do seguro pressionaram ainda mais os empresários locais, que não podiam fechar as portas e ir embora, nem elevar demais seus preços para ter alguma compensação. "O proprietário da loja de material do escritório local que está pagando seguro para sua empresa não pode majorar o preço do papel", disse Baker. "Ele precisa enfrentar a concorrência de outras empresas que não sofreram os mesmos problemas. Então, as pessoas começam a decidir comprar de outros fornecedores. Raciocinam: 'Sabe de uma coisa? Se o seguro é tão mais caro, vou reduzir minhas despesas como puder.' E uma maneira de reduzir custos é comprar o papel onde ele é mais barato. Então o pobre dono da loja de material de escritório passa um aperto."

Baker acabara de voltar de Washington, onde ouvira uma proposta para ampliar o seguro federal contra enchentes de modo a cobrir também os danos causados por furacões. Era uma ideia à qual o setor de seguros se opunha, e eu lhe perguntei por que, se ele ganhava por comissão, estava tão preocupado com os preços altos. "Sem dúvida, os preços altos também são bons para mim", ele respondeu. "Mas são péssimos para a cidade. Eu ficaria feliz se os preços baixassem e, assim, nossa economia pudesse se recuperar." Ele não estava otimista. "Da perspectiva dos seguros, talvez sejam necessários cinco anos para que esse mercado se erga novamente", disse. "E isso presumindo-se que não haja mais tempestades. Se tivermos outra tempestade num raio de 150km, serei o primeiro a dizer: 'Katy, tranque as portas.' Da última vez que fui embora, levei uma mochila. Na próxima, talvez eu leve um malão."

Cerca de 54% da população americana vive a aproximadamente 80km da costa. Cada vez mais, eles sentirão as pressões da mudança climática. Antes do Katrina, a tempestade mais cara na história havia sido o furacão Andrew, que atingiu com violência o sul de Miami,

Flórida, em 1992, matando 65 pessoas e provocando um prejuízo de US$26,5 bilhões em danos. Desde então, a população do estado cresceu 30%. De acordo com um estudo realizado, se uma tempestade da mesma magnitude ocorresse hoje, os prejuízos chegariam a US$55 bilhões. "As pessoas, na verdade, não se importam com o número de furacões que atingem o estado e com os perigos que eles representam", avalia Robert Hartwig, economista-chefe do Insurance Information Institute, uma associação do setor. "Aparentemente, o fascínio pelo mar é tão grande que as pessoas se dispõem a ignorar os riscos da vida no litoral."

Mas a maré está mudando. As pessoas podem até ignorar os perigos das tempestades, desde que eles sejam abstratos. Os prêmios do seguro os tornam concretos. Em 2006, o número de pessoas que saíram da Flórida foi maior do que o de pessoas que se mudaram para o estado. A população de Florida Keys diminuiu 6% desde o último censo. Entre 2005 e 2006, quase 8 mil pessoas se mudaram de Key West.

No entanto, o preço do seguro nas regiões costeiras pode estar artificialmente baixo. Mesmo com os prêmios mais altos, há escassez de seguradoras dispostas a assumir o risco. A maioria dos proprietários de imóveis e de empresas em lugares como Key West e Nova Orleans é coberta por seguradoras ligadas ao governo. Com os preços determinados tanto por preocupações políticas quanto por estatísticas, o resultado é uma exposição enorme que, em última análise, atinge o contribuinte. A temporada de tempestades de 2005 causou prejuízos da ordem de US$20 bilhões ao National Flood Insurance Program. Em 2006, os funcionários do estado da Flórida cruzaram seus dedos e esperaram pelo melhor. A seguradora do estado havia emitido mais de US$400 bilhões em apólices, e uma grande tempestade teria sobrecarregado o plano. Uma catástrofe poderia levar o estado inteiro à falência. "Em última análise, os preços cobrados pelas seguradoras precisam refletir os riscos", disse Hartwig. "Se não refletirem, a seguradora não pode funcionar. Não pode cumprir suas obrigações."

À medida que o globo esquenta, os altos preços do seguro acelerarão o despovoamento de regiões como Key West. Os moradores se verão travando uma batalha perdida contra o custo de vida. As casas de veraneio, que já representam uma grande proporção de imóveis da cidade, se multiplicarão à medida que a classe média restante aos poucos for dando lugar às pessoas que podem se dar ao luxo de pagar o seguro. A transformação começará lentamente. Aqueles que quitaram o financiamento podem optar por ficar sem cobertura. Mas quando ocorrer uma grande tempestade, os que considerarem impossível reconstruir darão lugar àqueles que podem se dar ao luxo de enfrentar o risco.

Ao longo do litoral, a mudança climática transformará o estilo de vida. "Acredito que isso levará ao surgimento de condomínios com prédios de vários andares, em vez casas isoladas", disse Becky Mowbray, repórter da área de seguros do *Times-Picayune*, em Nova Orleans. "Embora os prédios altos de concreto e aço sejam mais intrusivos do que casas pequenas e baixas, os condomínios poderiam ser bons sob a perspectiva ambiental porque devolvem mais terras à natureza. No entanto, imagino que também transformará o sonho das férias de frente para o mar em mais uma opção de classe/luxo que pertence ao passado, já que apenas os ricos poderão comprar casas de veraneio na praia. Minha aposta é que as montanhas se tornarão os novos destinos de escolha dos aposentados, devido ao custo elevado do seguro e dos imóveis no litoral – acho que o sonho de aposentadoria na Flórida chegou ao fim."

Depois do Katrina, houve em Nova Orleans quem questionasse a sensatez de se reconstruir uma cidade costeira tão propensa a enchentes devastadoras. A ideia era controversa demais para receber apoio político, mas a economia pós-enchente vem causando um impacto maior do que qualquer política governamental poderia ter. A recuperação tem sido lenta no centro da cidade, mas os locais mais altos além de Lake Pontchartrain valorizaram-se rapidamente. St. Tammany Parish foi a única parte da região atingida pelo furacão cuja população aumentou desde a tempestade. "Não acho que a cidade de Nova Orleans voltará, durante meu tempo de vida, a ter mais do que 300 mil habitantes", disse à National Public Radio Ivan Miestchovich, diretor do Centro para Desenvolvimento da Economia da Universidade de Nova Orleans, "O centro da cidade será voltado para locais de convenções, turismo e visitantes. Continuará com uma função a desempenhar nos serviços financeiros e bancários. Mas fora isso, a maioria dos bairros terá algum tipo de arranjo satélite em alguma outra parte."

"Se o aumento do preço dos seguros ajudar a transformar a moderna Key West em refúgio, uma segunda casa para os ricos, o que acontecerá quando a mesma dinâmica for desencadeada em uma das áreas metropolitanas mais pobres do país?", pergunta Mowbray. "Parte do que fez de Nova Orleans um destino turístico tão autêntico foi o fato de a cidade ser relativamente barata e de músicos de verdade terem condições de viver ali. O que acontecerá se eles não puderem voltar? E enquanto os ricos estão dispostos a pagar quantias exorbitantes por um imóvel com vista para o mar em Key West, não se pode administrar uma cidade como Nova Orleans, que depende do turismo, do petróleo e da navegação, sem trabalhadores."

"Acredito que os seguros mais caros chegaram para ficar, o que empurrará o desenvolvimento para o interior, tendo em vista que morar em Nova Orleans ou em outra parte do litoral se tornará menos viável", disse. "Isso coloca séculos de investimento em Nova Orleans em risco, e acredito que criará uma cultura de transporte em que o automóvel será mais utilizado, uma vez que a densidade da cidade aumentará e os bairros residenciais se espalharão para Baton Rouge e Covington."

Escrevendo para a revista *Science* pouco antes do Katrina, Evan Mills, cientista ambiental do Laboratório Nacional Lawrence Berkeley, do Departamento de Energia dos Estados Unidos, elaborou um cenário para o futuro do setor de seguros considerando as mudanças climáticas. Previu que os prejuízos ocasionados pelos danos aos imóveis e pela interrupção da atividade comercial continuarão a forçar o aumento do preço dos seguros, enquanto as temperaturas extremas, a piora da qualidade da água e as doenças transmitidas por vetores acrescentariam novos custos ao seguro de saúde e de vida. Enquanto isso, as principais seguradoras começariam a ver ações judiciais contra seus clientes à medida que as vítimas do aquecimento global voltam sua atenção para os emissores de gases de efeito estufa. O setor só voltaria a ser lucrativo depois de vários anos.

 Tampouco o problema estará necessariamente confinado ao litoral da América do Norte. Além de uma espantosa capacidade de destruição, as temporadas de 2004 e 2005 reservaram várias outras surpresas. Em 2004, uma tempestade que os meteorologistas mais tarde chamariam de Catarina atingiu com intensidade de categoria 2 o litoral sul do Brasil, destruindo telhados e lavando ruas com suas ondas. A tempestade danificou 40 mil construções e devastou as plantações de arroz, milho e banana. O motivo pelo qual não recebeu um nome inicialmente foi o fato de ninguém estar esperando por ela. Nunca antes na história uma tempestade com intensidade de furacão havia sido observada no Atlântico Sul.

 No ano seguinte, no final da temporada, os meteorologistas observavam, espantados, enquanto o Furacão Vince se formava no Atlântico e rodopiava contra a costa da Espanha. Os danos foram mínimos, mas foi a primeira vez que um ciclone tropical atingiu a Península Ibérica. Talvez não seja a última. Alguns modelos sugerem que o aquecimento global poderia provocar furacões no Mediterrâneo, colocando em risco alguns dos litorais desenvolvidos mais densamente povoados do mundo.

Na casa ao lado de onde eu me hospedara em Nova Orleans, um homem estava colocando seus pertences em uma camionete. John Nelson era alto e forte, e tinha nariz e rosto longos e finos. Seus cabelos eram louros e abundantes, e estavam presos em um rabo-de-cavalo. Tinha um pouco da fala arrastada típica do sul, compensada pela enunciação precisa. Seus pertences estavam quase todos empacotados. Caixas se empilhavam na sala. Um tapete cinza estava enrolado no chão de madeira encerado. Pinturas emolduradas ainda pendiam das paredes. Sentamo-nos ao redor de uma mesa de jantar lotada de revistas e contas, e ele explicou por que estava se mudando. Otimista por natureza, ele lutava para manter sua postura diante da vida.

Dois anos antes, o Katrina inundara a casa de Nelson e da família. Dessa vez, a razão da saída era o seguro. "Há uma riqueza enorme nesta cidade e, ao mesmo tempo, há extrema pobreza", disse Nelson. "A classe média mal se aguenta." Ele e a esposa tinham três pequenas casas, uma ao lado da outra, em uma parte perigosa da cidade. O imóvel do meio, em construção, voou na tempestade. Ao lado, o estúdio quase completo de sua mulher foi invadido por quase 2m de água. A casa em que moravam, um chalé elevado, ficou com mais de 30cm de água. "Os danos foram os mesmos que teriam sido provocados se tivesse sido invadida por mais de 2m de água", disse Nelson. "Toda a parte elétrica precisou ser refeita. O encanamento também. Tivemos de destruir tudo e recomeçar do zero." Nelson colecionava livros raros, como primeiras edições de *As aventuras de Tom Sawyer*, *As Aventuras de Huckleberry Finn* e uma impressão de 1960 de *Dom Quixote*. Grandes e pesados, os livros ficavam guardados nas prateleiras de baixo, e foram destruídos.

O seguro pagou, mas pagou lentamente e, enquanto Nelson e sua mulher reconstruíam os imóveis, compraram a casa na qual estávamos sentados, conversando. O proprietário anterior a alugara a um empreiteiro, que a tinha destruído, e estava pedindo um preço baixo. "As prestações mensais – calculamos antes de nos mudar – seriam de US$2 mil, o que é bem razoável", disse Nelson. "E, com o seguro e tudo mais, chegariam a uns US$2.500."

O primeiro golpe foi o imposto sobre o imóvel. A casa fora reavaliada segundo o valor que eles tinham acabado de pagar e depois reavaliada novamente. Com o salto simultâneo nos preços do seguro, as prestações mensais haviam chegado a US$3.600, "uma fortuna", disse Nelson. "De fato, eu havia imaginado que o imposto fosse aumentar. Era natural. Perdemos uma parte muito grande da cidade. Não sou contra. Mas pensei mesmo que conseguiríamos arcar com o preço do seguro. O valor iria diminuir, e seria mais razoável viver aqui." Entretanto, apenas um ano depois de se mudarem, receberam uma nova carta da seguradora. O prêmio voltaria a aumentar. "Chamei o corretor de imóveis naquele mesmo dia", disse ele. "E ele comentou conosco que havia recebido oito ou nove telefonemas nos últimos dois dias dizendo a mesma coisa."

A família ficaria em Nova Orleans, no segundo andar de uma casa que compraram para servir de local de trabalho. "Eu poderia ir trabalhar em uma lanchonete e provavelmente estaria ganhando o mesmo que estou ganhando agora", disse. "Tenho menos hoje do que tinha aos 18 anos. E estou no buraco." Nelson e a família estavam se mudando para uma parte pior da cidade, para uma área que fora bastante inundada. Estavam trocando casas com varanda e largas avenidas por sobrados com paredes descascadas. "Sinto-me como se tivesse de ir embora novamente", declarou Nelson.

3

"UM CRESCIMENTO ESPETACULAR EM TEMPOS DE CRISE"
EUROPA, MIGRAÇÃO E REAÇÕES POLÍTICAS VIOLENTAS

A ilha de Lampedusa é famosa entre os turistas italianos por suas tartarugas marítimas gigantes, o que é estranho, levando-se em conta que muito poucas fazem seus ninhos em suas praias. A ilha não é grande, e sua única cidade é ainda menor. Eu poderia ir a pé do aeroporto até o hotel. Mesmo já tendo passado das 22h e estando escuro o suficiente até para uma noite de verão no Mediterrâneo, no centro havia um burburinho de turistas. Jovens casais caminhavam de mãos dadas. Pais empurravam carrinhos de bebê. No ar, havia um aroma da fumaça de sal e de comida. Na praça central, perto de uma igreja moderna, um homem com um sintetizador tocava valsa no acordeão. Homens grisalhos dançavam com suas esposas grisalhas em círculos lentos por sobre uma rosa-dos-ventos de mármore polido. Flores cor de lavanda de uma buganvília tremulavam na brisa.

A principal rua de Lampedusa, uma alameda chamada Via Roma, não segue pela praia, mas da maneira como a escuridão baixava entre as casas, tive a impressão de estar cercado pelo mar. As lojas ofereciam joias de coral e turquesa, artigos para praia, sandálias, balsas infláveis, loções, chapéus, sapatos de lantejoula, vestidos de algodão e souvenirs em formato de tartaruga: aplicados em camisetas ou presos em barro, grandes ou pequenos, em contas ou lisos, estilizados ou naturalistas, polidos ou naturalmente ásperos e rosados.

Há várias décadas, quando havia na Itália 10 mil locais de desova de tartarugas, Lampedusa desempenhava um papel insignificante na reprodução desses animais. A ilha é um pontinho distante da costa sul da Sicília, uma extensão de calcário com menos de 10km, mais perto de Trípoli do que da Itália continental. Suas costas rochosas ofereciam poucos locais adequados para uma tartaruga cavar para enterrar seus ovos, apenas curtas faixas de areia branca como papel em torno de uma enseada minúscula.

Mas para as tartarugas o importante era o isolamento da ilha. À medida que a costa mediterrânea da Europa estourava com hotéis, casas e resorts na praia, Lampedusa – empobrecida e meio esquecida – continuava subdesenvolvida. "Uma tartaruga não vem para uma praia em que haja luz, barulho ou movimento", disse Daniela Freggi, que dirige um centro de resgate e pesquisa de tartarugas para o World Wide Fund for Nature. As tartarugas-cabeçudas podem levar até 40 anos para amadurecer e acasalar, o que significa que muitas futuras mamães estão retornando ao local de construção dos ninhos de desova de sua infância. "Se sua praia não estiver disponível, ela ficará na água", disse Freggi. "E seus ovos simplesmente serão expelidos e morrem. Tornam-se comida para os peixes." Atualmente, a Itália tem pouco menos de 20 locais de desova, incluindo o de Lampedusa. "Isso significa menor variedade genética, menos possibilidades, menos de uma geração futura", afirmou Freggi.

A maior parte das 300 a 400 tartarugas que passam pelo centro de Freggi a cada ano são resgatadas de redes de traineiras. Grossos anzóis de ferro se alojam no trato digestivo de muitas delas, por isso o centro realiza uma cirurgia – com máquinas de raio X, ultrassom, anestesia e oxigênio – para retirá-los. Quando linhas de pesca embaralhadas impedem a circulação para uma das nadadeiras, é preciso amputá-la. Se Michael White, o cientista chefe do centro, estiver certo, o número de pacientes do projeto está destinado a diminuir. White, um engenheiro naval britânico aposentado que usou o dinheiro da pensão para conseguir concluir seu doutorado, argumenta que a mudança climática está fazendo com o mar o que os empreiteiros fizeram com a costa – dificultando a vida das tartarugas no local.

Vidas longas significam longos ciclos reprodutivos, o equivalente darwiniano de uma casca pesada e nadadeiras escorregadias, e é improvável que as tartarugas sejam capazes de se adaptar a picos repentinos de temperatura. "Quando trabalhei na Grécia, estudei as praias de desova", disse White. "O que descobri foi que, nos anos quentes, havia um número maior de ovos solidificados. O simples calor da areia os cozinhava." Até mesmo temperaturas menos extremas podem representar um perigo. O sexo de um animal recém-saído do ovo é determinado pelo calor no qual ele se desenvolve. As temperaturas dos ninhos acima de aproximadamente 28ºC produzem mais fêmeas. As areias mais frias produzem mais machos. "O que estamos descobrindo é que hoje, no mundo inteiro, muitas dessas praias de desova atualmente estão acima dessa temperatura crítica", disse White. "Em muitos locais, só nascem fêmeas. E assim surge um segundo caminho para a extinção: a falta de machos."

As tartarugas podem ter tornado Lampedusa uma atração turística, mas a ilha está cada vez mais associada a outro fenômeno, que crescerá com a mudança climática: a imigração ilegal. Geologicamente, a ilha é africana, uma migalha de crosta oceânica da borda leste do platô submarino tunisiano curvado pela colisão das placas continentais. Localizada em um canto entre a Tunísia e a Líbia, politicamente Lampedusa é uma ponta da Europa em águas africanas e se tornou o ponto de entrada mais visível do continente para aqueles desesperados por um assento na mesa global. Locais longe da costa com barcos seminaufragados cheios de imigrantes tornaram-se tão comuns que a televisão italiana os trata como se fossem uma rotina constrangedora, quase como se registrasse mudanças repentinas e desagradáveis no tempo.

    A ciência do clima é melhor para explicar tendências do que para realizar previsões específicas. Podemos não saber dizer se uma região específica do litoral grego ficará quente demais para as tartarugas, mas podemos prever que os animais adaptados aos climas mais frios provavelmente sofrerão. Do mesmo modo, quando se trata da destruição dos hábitats humanos, os pobres do mundo serão os mais afetados. A maior parte dos países em desenvolvimento localiza-se nos trópicos ou em regiões desérticas, onde será mais difícil absorver as temperaturas elevadas e as mudanças no clima.

Seja por meio da tecnologia, de maiores investimentos ou apenas pela sorte de estarem mais ao norte, os países mais ricos estarão mais bem posicionados para lidar com a mudança climática. Atingida pela seca, a Austrália está investindo bilhões em fábricas de dessalinização movidas à energia solar e eólica. Os holandeses estão se preparando para a elevação dos níveis do mar com casas capazes de flutuar nas enchentes. Os fazendeiros canadenses, russos e escandinavos poderiam até se beneficiar de invernos mais úmidos e mais brandos. O resultado provavelmente será um aumento da disparidade global, das pressões de imigração em regiões de fronteira, como Lampedusa, e reverberações políticas em todo o mundo desenvolvido, à medida que os políticos e o público debatem qual seria o lugar ideal para os menos afortunados.

Em 2007, quase 20 mil imigrantes chegaram à Itália por mar – a maior parte em Lampedusa. Nem todos chegaram à praia. Na semana antes de minha chegada, o exército italiano recolheu 14 corpos do mar, a 95km ao largo da costa da ilha. Duas semanas depois, a Guarda Costeira tunisiana rebocou outros 20 corpos. Naquele ano, pelo menos 471 pessoas que tentaram a travessia foram declaradas mortas ou desaparecidas. Os barcos geralmente zarpavam da Líbia. Os passageiros – que terão muita sorte se já tiverem andado de barco antes – recebem uma bússola e a ordem de navegar rumo ao norte. É uma viagem perigosa e desconfortável. A maioria não sabe nadar, e os contrabandistas conseguem colocar tanta gente dentro dos barcos que eles mal conseguem se mexer. Os barcos são velhos, escolhidos para serem abandonados, e a travessia de quase 275km pode levar dias. Os médicos que cuidam dos imigrantes na chegada relatam que os males mais comuns são desidratação, insolação, intoxicação pelos gases dos motores e câimbras por passarem vários dias na mesma posição.

Em 2003, a revista *Time* entrevistou um jovem Somali chamado Abdi Salan Mohammed Hassan que levou oito meses para ir de Mogadício a Trípoli, incluindo uma viagem de 10 dias pelo Saara na carroceria de um caminhão. Ele então pagou US$800 por um lugar ao lado de outros 85 imigrantes em um pequeno barco de pesca que apresentou um defeito mecânico em alto-mar: "Os passageiros enfraqueciam a cada dia que passavam sob o sol... durante o dia, a pele exposta, queimada, formava bolhas que estouravam à noite. De dia, avistavam os navios passando ao longe. Alguns homens tentaram fazer remos com pedaços de madeira. O barqueiro queimou camisas para fazer sinais de fumaça. Tudo em vão. No quinto dia, apareceu outro navio, o barqueiro mergulhou no mar e desapareceu. Foi o primeiro a morrer. Outros logo o seguiram. Fora de si por causa da sede, as pessoas começaram a beber água do mar e sofriam cólicas horríveis provocadas pela água salgada. Algumas se inclinavam para o lado para beber direto do mar, caíam e se afogavam... No décimo terceiro dia, mais de 40 morreram e foram jogadas no mar, e mais de 20 estão esparramadas pelo chão do barco, à beira da morte. 'Vi pessoas morrendo a meu lado', recorda-se Abdi Salan. 'Eu também estava à espera da morte.'" Quando a Guarda Costeira italiana subiu a bordo do barco, encontrou 13 corpos e 15 sobreviventes.

Os estudiosos da imigração dividem suas forças motivadoras em fatores de atração e rejeição. A Europa e os Estados Unidos atraem os pobres com a promessa de trabalho, melhores condições de vida e mais segurança. Na África, Oriente Médio e partes da Ásia, a superpopulação, as guerras e os desastres naturais os levam a querer fugir para longe. Imigrantes como Abdi Salan sabem que estão arriscando a vida quando partem para Lampedusa. Mas para as dezenas de milhares de pessoas para as quais a esperança e a penúria superam os perigos, a mudança climática só faz aumentar a determinação de correr o risco.

Em um relatório coordenado pelo contra-almirante britânico Chris Parry, os estrategistas militares do Reino Unido previram que o número de pessoas que vivem fora de seu país de origem crescerá. Movidos pela "degradação ambiental, a intensificação da agricultura e o ritmo de urbanização", a população expatriada do mundo aumentará dos atuais 175 milhões para 230 milhões até 2050. Nos Estados Unidos, onze almirantes e generais aposentados, em um relatório da CNA Corporation, instituto de pesquisas sobre segurança nacional com sede na Virginia, previram que a migração será o grande desafio da mudança climática para o país. "Um grande volume de migração do sul para o norte nas Américas já preocupa alguns estados e é assunto de debate nacional. Atualmente, a migração é motivada basicamente pela instabilidade econômica e política. A taxa de imigração do México para os Estados Unidos provavelmente aumentará, pois a questão da água no México já é marginal e pode piorar com a redução das chuvas e o aumento das secas. O aumento da ocorrência de desastres climáticos, como furacões, em outros locais, também estimulará migrações para os Estados Unidos."

A Cruz Vermelha afirma que os desastres ambientais já desalojam um número maior do que as guerras. A Christian Aid, instituição de caridade londrina fundada em 1945 para lidar com os deslocamentos em massa provocados pela Segunda Guerra Mundial, calcula que o número de pessoas deslocadas no mundo se aproxime dos 163 milhões. Entre hoje e 2050, a organização prevê que mais 250 milhões de pessoas fugirão de enchentes, secas, fome e furacões provocados pela mudança climática. Outros 50 milhões perderão suas casas em razão de desastres naturais, alguns provocados pela mudança climática. Mais 50 milhões fugirão de abusos extremos contra os direitos humanos e conflitos. Em alguns desses casos, como em Darfur, a mudança climática novamente terá sido um dos fatores responsáveis.

"Não há dúvida de que, em muitas partes do mundo, a mudança climática – mudanças no nível do mar, desertificação e desmatamento – está causando impacto nos fluxos migratórios", afirmou Brunson McKinley, diretor-geral da International Organization for Migration, que foi a Lampedusa para ver o ponto de chegada dos imigrantes, um campo de recepção administrado pelo governo italiano. Conversamos no aeroporto, enquanto ele esperava seu voo. "Dentro dos países, as pessoas deixam as terras improdutivas e migram para as grandes cidades em busca de trabalho", continuou. "Muitas vezes, essas pessoas não encontram os empregos que buscam nas grandes cidades e pensam em seguir adiante, para onde haja oferta de empregos."

"Não sei se você concorda com a ideia de que até mesmo alguns desses acontecimentos cataclísmicos estão relacionados à mudança climática", acrescentou. "Não sou cientista, mas eu diria que pode haver uma ligação entre os fatos. O derretimento das calotas polares, por exemplo, provoca um reposicionamento das placas tectônicas, e quando elas mudam de lugar esses acontecimentos cataclísmicos têm vez: terremotos, tsunamis, erupções vulcânicas, deslizamentos de terra e, é claro, tudo isso causa impacto relevante na população. Muitas pessoas perdem seu meio de vida. Há mais furacões, tufões e tempestades tropicais do que costumava haver? Há quem diga que sim. Muitas vezes, isso arruína plantações e terras produtivas e autossustentáveis, e forçam as pessoas a ir para outro lugar. Vimos isso acontecer na América Central e em muitas outras partes. Não é ficção científica; é a realidade dos dias de hoje."

Dois anos antes, McKinley não teria podido visitar o programa de detenção Lampedusa. O programa era administrado como uma zona militar italiana, e a entrada de jornalistas e observadores internacionais era proibida. Foi então que um jornalista italiano chamado Fabrizio Gatti se jogou na água, bem longe da praia, e aguardou o resgate. Depois, descreveu a semana que passou fingindo ser um curdo em busca de asilo: um campo superlotado, sujo e degradado, um campo de refugiados improvisado cercado de arame farpado, açoitado pela fumaça dos motores dos aviões abarrotados de turistas. O campo tem capacidade para abrigar 190 detentos. Durante sua estada, a população chegou a 1.250. Os imigrantes dormem nas calçadas ou sob camas beliches. Os mulçumanos são alvos de zombaria por causa de sua fé e as surras são lugar comum. No primeiro dia de Gatti, na fila para a chamada, ele tenta evitar um pequeno riacho de esgoto a céu aberto. Os guardas o forçam a se sentar de qualquer maneira. Quatro dias depois, ele observa um grupo de *carabinieri* uniformizados e um homem em roupas civis darem boas-vindas a um novo grupo de imigrantes.

"'Dispa-se', diz [o homem em roupas civis] para um rapaz de camisa regata que treme de frio e de medo. Ele não entende. Fica parado durante um minuto. 'Qual é o problema?', grita o *carabiniere*, e lhe dá um tapa na cabeça. O imigrante, pálido e magro como um esqueleto, treme. Outro tapa. Todas as pessoas de pé, nuas, diante dos *carabinieri* são esbofeteadas. Há meia hora, os *carabinieri* falam em formar um corredor... Logo, eles mostram o que significa: uma fileira de seis estrangeiros indo em direção ao campo passa entre eles e cada um recebe sua cota de socos. Quatro *carabinieri* socam os estrangeiros. Finalmente, o sargento... aparece. Mas não chama a atenção de ninguém. 'Esse cara está lhe dando trabalho?', pergunta ao homem em roupas civis, e dá um soco no esterno do imigrante magricela, que não entende o que fez de errado e que ainda está de pé, imóvel, vestido com sua camiseta."

Após os protestos provocados pela publicação do artigo de Gatti na revista semanal *L'espresso*, a International Organization for Migration, a Cruz Vermelha e a agência para refugiados das Nações Unidas receberam licença permanente para monitorar o campo e comunicar aos imigrantes seus direitos. Os refugiados não poderiam permanecer ali por mais de um ou dois dias antes de serem transferidos para outros locais. A licença para administração do campo foi concedida a outra empresa. No dia de minha visita, o arame farpado estava limitado a um único lugar: um cordão que cruzava o topo do portão verde da entrada. Um barco com 23 somalis acabara de chegar e os refugiados esperavam para tirar fotografia e impressões digitais. As mulheres estavam sentadas em um banco de concreto, com lenços cobrindo a cabeça. Os homens estavam brincando entre si, rindo, como alpinistas que tivessem seguido por uma trilha perigosa, finalmente chegando ao topo. Vários deles usavam tênis dourados – ganhos em sua chegada ao centro.

Eu não tinha permissão para falar com os refugiados, mas minha guia, uma jovem chamada Paula Silvino, vice-diretora do campo, estava ansiosa para me mostrar o quanto as coisas haviam melhorado. Ela me levou aos dormitórios, construções pré-fabricadas com capacidade para 40 leitos, e ao refeitório, onde um grupo de africanos assistia a um jogo de futebol narrado em inglês e transmitido por satélite em uma televisão com tela *widescreen*. Mas ela levou mais tempo na cozinha. "Oferecemos três refeições por dia, tentando respeitar os hábitos de nossos hóspedes", disse. "Oferecemos peixe, arroz e hortaliças, nada de carne. Temos produtos de alta qualidade. E temos uma máquina que sela os pratos, um de cada vez, mantendo seu frescor, portanto não são panelas grandes, no estilo militar. Assim é mais higiênico."

Além dos sapatos e de uma muda de roupas, cada um que chega recebe um cartão telefônico e 10 cigarros por dia. O centro também fornece à Guarda Costeira kits com água, suco de fruta e bolachas que são oferecidos aos imigrantes que acabaram de desembarcar, e tenta estocar jornais em árabe, além de uma bola de futebol. "Ontem, fui jogar com eles", disse Federico Miragliatta, diretor do campo. "Tem um que não para de jogar desde que chegou. O barco dele chegou aqui às 5h:30. Às 6h, ele já estava jogando."

Tive uma perspectiva diferente do campo e de seus ocupantes quando acompanhei a prefeita substituta de Lampedusa em uma viagem ao centro da ilha, onde operários estavam dando o toque final em um novo centro de recepção. Angela Maraventano buscou-me na prefeitura, um prédio de três andares cuja pintura da fachada estava descamando. Usava jeans apertados e sandálias brancas com enfeites prateados e uma blusa preta, sem mangas. Tinha seios grandes e praticamente não a vi um minuto sequer sem um cigarro na boca. Os óculos escuros de armação roxa passaram a maior parte do tempo no alto da cabeça.

Maraventano, 42 anos, dois filhos, é membro da Liga do Norte italiana, partido político de extrema-direita que, em algumas ocasiões, defendeu a separação das regiões norte do país e compartilha a posição inflexível de seu partido a respeito da imigração ilegal. Quando, em 2003, o ministro da Liga do Norte Umberto Bossi declarou bombasticamente que deveriam atirar nos barcos de imigrantes, Maraventano objetou: "Acho que devemos atirar diretamente neles", disse ela. "Talvez atirar sobre suas cabeças." Quase não há imigrantes fora do campo em Lampedusa – depois de livres, não teriam para onde ir –, mas Maraventano conseguiu tirar vantagem de uma raiva profunda da comunidade local, que se opõe ao que considera gastos com imigrantes ilegais. Eleita recentemente, disse-me que recebe entre 200 e 300 telefonemas por dia e, na verdade, passou a maior parte do dia no celular Nokia. É uma pessoa agitada, ruidosa e um pouco agressiva, uma Erin Brockovich de extrema-direita.

Seu carro havia enguiçado naquela manhã, por isso ela tomara emprestada uma caminhonete cinza, de quatro portas, coberta por uma camada fina de poeira branca. No banco do passageiro, uma mulher com maquiagem pesada e uma blusa sem mangas com um enfeite da tartaruga de Lampedusa se apresentou como Vicenza Filippi, secretária de imigração no Ministério do Interior. Depois de parar para abastecer a caminhonete de gasolina (o frentista apontou sua bandeira da Liga do Norte), saímos da cidade, onde encontramos uma paisagem árida, com pedras brancas e vegetação desértica.

O novo centro era muito maior do que aquele localizado perto do aeroporto. Prédios grandes, de dois andares, com esquadrias de alumínio ladeavam um grande bloco de concreto. Paramos para apanhar um proeminente parlamentar da Liga do Norte, Angelo Alessandri, e Maraventano começou a conversar com ele. A única escola secundária de Lampedusa está em ruínas; o piso está todo lascado, o reboco está soltando das colunas de aço enferrujado e, em pelo menos uma sala, andaimes de metal seguram o teto. Enquanto visitávamos o novo centro de recepção, Maraventano fez uma descrição rápida – meio brincalhona, meio furiosa – de como transformar o centro, avaliado em US$12 milhões, em escola. Louro e de bigode, com um tufo de pelos sob o lábio inferior, Alessandri usava um terno verde de linho. Girava os óculos escuros na mão enquanto ouvia.

O centro foi projetado para abrigar 500 imigrantes, mas poderia ser ampliado para receber mil. Cada prédio tinha quatro quartos em cada lado e uma área com chuveiros comunitários. Cada quarto era equipado com ar-condicionado, detector de fumaça e seis camas, e cada uma podia se transformar em um beliche.

"E então, Angela", disse Alessandri. "Quantas crianças caberiam aqui?"

"Basta tirarmos as divisórias", respondeu ela. "Sim, porque para salas de aula os quartos são pequenos, não é? Basta tirar as divisórias para aumentar os quartos."

As camas seriam aparafusadas ao chão. Uma cerca fecharia o perímetro e raios infravermelhos alertariam uma sala de controle central sobre quaisquer brechas.

"Quem causa mais problemas?", perguntou Alessandri.

Filippi respondeu: "Em geral, os africanos do norte são os mais... – ela procurou a palavra certa – "exuberantes, eu diria".

"São esses que devemos mandar de volta para casa", disse ele.

Alessandri trouxera a namorada e, a caminho do refeitório, ela parou.

"Imagine todo o sofrimento pelo qual passaram apenas para chegar aqui", comentou.

"E, quando chegam aqui, o que fazem?" perguntou Maraventano.

"As crianças acabam pedindo esmolas nos sinais", respondeu Alessandri. "As mulheres caem na prostituição. Para mim, é racismo apenas deixá-los entrar. Podemos ajudá-los em seu próprio país; custará muito menos. Podemos construir uma cidade para 10 mil pessoas com o dinheiro que gastamos."

A namorada não se convenceu. "Mas quando eles chegam aqui, o que podemos fazer por eles?", perguntou.

"Repito: a solução não é fazer com que venham", respondeu ele.

"Esse é o refeitório de nossas crianças", disse Maraventano. "Finalmente as crianças de Lampedusa têm um refeitório."

"Ótimo", disse Alessandri. "Ótimo se fosse para as crianças."

"É sério", replicou Maraventano. "Aço inoxidável, freezer grande, tudo."

"Pense só", comentou Alessandri. "Se os mantivéssemos no antigo centro por um ou dois meses, fazendo-os entenderem que passariam seis meses lá, talvez não viessem."

"É verdade", completou Maraventano.

"Aqui, a mensagem que estamos transmitindo é: "Bom-dia, descanse e depois você estará livre"", disse Alessandri. "Esse é nosso erro."

"Vocês viram?" – perguntou Maraventano enquanto nos afastávamos. "Lampedusa não pode aceitar o que este governo está fazendo. Esta pequena ilha, essas cinco mil pessoas, não podem ser submetidas a um fenômeno desse tipo. É vergonhoso. Somos cinco mil e eles estão construindo um centro para mais mil? É uma cidade dentro de uma cidade. Parece brincadeira."

As políticas de imigração oscilam entre duas emoções opostas – medo e empatia. O pavor do estrangeiro – de choques culturais, crimes e competição – pode coexistir com a simpatia pelo oprimido, até no mesmo eleitorado, muitas vezes na mesma pessoa. Equilibrar-se é um desafio político. É quase impossível impedir a chegada de pessoas que se arriscaram a enfrentar o Saara, os guardas da polícia de fronteira sudanesa e o Mediterrâneo, e o público já demonstrou que não vai tolerar os maus-tratos.

O resultado na Itália é uma política esquizofrênica, em que o governo nem dá boas-vindas nem recusa os imigrantes. A Itália não divulga informações sobre o destino das pessoas que passam pelo centro de detenção, mas o Alto Comissariado das Nações Unidas para Refugiados (ACNUR) diz que uma em cada oito que chegam a Lampedusa acabam recebendo asilo. As outras passam por vários campos de detenção, são presas, interrogadas e, finalmente, recebem um pedaço de papel cor-de-rosa que informa que devem deixar a Itália dentro de cinco dias. Depois são liberadas. Muitas vão para o norte, para a casa de amigos e parentes em Roma ou Milão. Outros seguem para outros países.

A mudança climática significará um aumento da imigração, o que também deve significar maior pressão sobre as políticas de imigração. Haverá mais pressão sobre os políticos do mundo desenvolvido para que tomem uma posição. O sucesso na cidade mais ao sul da Itália de um partido político que defenda a superioridade do norte pode ser marcado pelo domínio do medo sobre a empatia. A Liga do Norte usou o ressentimento de Lampedusa em relação aos imigrantes que desembarcam em suas praias e conseguiu um lugar no governo local, uma plataforma para enfatizar o problema diante dos olhos do país. Seus políticos entendem o poder da imagem; uma onda humana de massas escuras chegando às praias italianas fará pender a balança para o lado do medo.

Mais tarde, no verão, fui até outra ilha europeia observar como outro partido anti-imigração tentava abolir totalmente as diferenças. As ruas de Londres estavam escurecidas por uma chuva que ninguém parecia notar. O clima de julho se alternava entre chuva e breves períodos de abertura de sol, que eram logo interrompidos por pancadas de chuva repentinas. Meu primeiro encontro foi no subúrbio leste de Barking e Dangenham, um bairro da classe operária onde o xenófobo British National Party (BNP) conseguiu 12 dos 51 lugares no conselho local. Por ter sido alertado de que Barking era o reduto londrino de um partido "compromissado em deter e reverter a onde de imigração de não-brancos", fiquei surpreso ao constatar a diversidade racial do lugar. Mulheres negras empurravam seus bebês nos carrinhos, um grupo de jovens asiáticos passeava com raquetes de tênis na mão. Um europeu pálido passou com um jornal dobrado sob o braço. Garotas em idade escolar passaram em uniformes cor de vinho e lenços brancos na cabeça.

Quando, alguns minutos depois, cheguei a meu encontro em um pub atrás da prefeitura, Richard Barnbrook, o vereador líder da bancada do BNP, estava sentado a uma mesa de piquenique do lado de fora, segurando seus papéis para protegê-los das rajadas de vento. Filho de um guarda do Palácio de Buckingham, Barnbrook é uma das figuras mais honestas do BNP, 46 anos, professor e artista, imaculado pelas raízes criminosas do partido. Usava terno marrom e gravata também marrom sobre uma camisa cinza. Tinha o rosto pálido, queimado pelo vento, testemunha de uma vida passada em um lugar chuvoso. A falta de um dente na arcada inferior deixava ali uma pequena falha e, quando falei, ele me olhou com seus olhos azuis e apertou a boca com expressão de seriedade. Como o político londrino mais proeminente do partido, ele planejava se candidatar à prefeitura e ao Parlamento. Logo perdi a conta de quantos cigarros fumou. Londres acabara de promulgar uma lei sobre a proibição do cigarro em ambientes fechados e nós nos sentamos do lado de fora até que o vento se transformou em chuva.

O grande problema de seu eleitorado, ele me disse, era a questão da moradia, especificamente o plano da cidade de construir novas casas na região. "Não há mais terras adequadas", disse ele. "Tudo que sobrou foram as terras contaminadas ou os pântanos. Meu distrito se chama Gorsebrook. O próximo é Mayesbrook. O outro é Eastbrook. Brook significa rio. As planícies inundadas estão ali por um bom motivo; elas inundam. E construir uma casa ali é uma loucura total."

"Há grande escassez de água no sudeste da Inglaterra", continuou. "Seja pelo aquecimento global, seja pelas mudanças no meio ambiente, a escassez de água no sul da Inglaterra é drástica. No entanto, os maiores projetos de construção de casas estão acontecendo no sudeste." Barnbrook me disse que fora filiado ao Partido Trabalhista antes de Tony Blair, mas se unira ao BNP em 1999 quando a imigração em massa em seu bairro provocara a "quase perda da consciência comunitária nos arredores da minha cidade". Perguntei-lhe se, na realidade, ele estava se referindo à imigração, e não ao meio ambiente. "A ligação entre os dois é nítida", respondeu-me ele. "O aumento do número de pessoas que chegam aos municípios significa que a terra verde desaparecerá, sendo substituída por cimento." Ao falar em terras alagadas e escassez de água, Barnbrook estava substituindo o medo dos estrangeiros, posição politicamente desagradável – se declarada abertamente – por uma empatia mais aceitável pelo meio ambiente.

O BNP é o equivalente britânico da Liga do Norte da Itália ou da Frente Nacional de Jean-Marie Le Pen, na França; faz parte de uma tendência no crescimento de partidos que se opõem à imigração, à medida que o público europeu e seus políticos se irritam diante da ideia de encaixar o islamismo em suas instituições cristãs seculares. O BNP não conseguiu o sucesso eleitoral de suas contrapartidas continentais, o que o obrigou a pensar de maneira um pouco diferente. O sistema de governo do Reino Unido não leva muito em consideração representação proporcional, assim, ao contrário da Itália, onde um voto para a extrema direita pode colocar outro membro no Parlamento, uma urna de votos para o BNP pode ser jogada fora. Mas à medida que cresce a preocupação britânica com a imigração, o partido começa a conseguir pequenas vitórias. Durante as eleições locais de 2006, o partido mais do que duplicou, de 20 para 46, sua representação no conselho. A maior parte do apoio veio de áreas como Barking e Dagenham, bairros proletários com grande quantidade de novos imigrantes. Nas eleições para o governo nacional que se aventura a disputar, o BNP costuma chegar em quarto lugar, recebendo mais votos que os Verdes e outros partidos pequenos.

O sucesso do partido se deve, em grande parte, aos esforços de seu líder, Nick Griffin, político de direita que, desde que passou a liderar o BNP em 1999, concentrou-se em suavizar as linhas mais duras do partido. Cabeças raspadas e jaquetas deram lugar a blazers e gravatas. Evitam-se marchas e confrontos violentos. Uma política de repatriação forçada dos imigrantes foi substituída por outra, na qual as pessoas que chegam legalmente receberiam uma indenização para partir. Quando Ian Cobain, repórter do *Guardian*, um jornal de esquerda, uniu-se ao grupo em 2006 na tentativa de "investigar a fachada de normalidade de Griffin", descobriu que a transformação acontecia até por trás de portas fechadas: "Muitas vezes, seus ativistas evitam palavras como 'preto' ou 'branco', mesmo durante as reuniões do partido. Muitos dos ativistas aceitaram a necessidade, nas palavras de Griffin, de 'colocar a casa em ordem, deixar as botas de lado e vestir os ternos'."

"Ouvi frases... ditas muitas vezes pelos membros do BNP, e depois de vários meses passei a entender exatamente o que queriam dizer", escreveu Cobain. "'Áreas boas', logo entendi que significam áreas predominantemente brancas. 'Áreas calmas' são lugares em que os negros e as minorias étnicas vivem, mas mantendo *low profile* e sem competir pelos empregos, vagas nas escolas ou parceiros sexuais. 'Áreas problemáticas' são locais em que negros fazem exatamente o oposto. 'Áreas perigosas' são locais onde negros e minorias raciais são a maioria."

"Nos sete meses em que fui filiado ao partido, ouvi muito poucos epítetos racistas e nenhum comentário antissemita", escreveu. "Essa linguagem parece ter sido praticamente banida após a reforma do BNP implantada por Griffin."

A transformação de Nick Griffin parecer ter acontecido durante um julgamento em 1990, no qual foi considerado culpado de incitar ódio racial com artigos que chamavam o Holocausto de "Holologro". "Considere minha experiência com o Revisionismo", disse em uma conferência em Nova Orleans organizada em 2005 por David Duke, da Klu Klux Klan. "Na época, eu estava convencido de que é tão óbvio, pelas falhas em alguns argumentos, que bastava apresentá-las a alguém para que essa pessoa fosse convertida. E o que me fez perceber que eu estava errado foi observar o júri. Doze homens bons, honestos – alguns de outras raças, pois estávamos em uma região liberal –, e, quando discutíamos política, eles prestavam atenção, estavam realmente interessados." Mas quando começou a falar sobre o Holocausto, a atenção do júri se desviou do homem: "Em 30 segundos, literalmente, vi em seus olhos que haviam perdido o interesse."

"Na verdade, há mais coisa além disso", concluiu. "Não se pode nem mesmo criar uma organização... que possa ter sucesso na política. Não se pode falar sobre os problemas que lhe interessam se não interessarem ao público."

Embora o BNP permaneça centrado na política de imigração, Griffin lutou para ampliar os assuntos aos quais o partido se associa. Quando possível, seus políticos adotaram a linguagem que, como mostrou Barnbrook em Barking, tenta substituir o medo pela empatia. Em vez de protestar em alto e bom tom contra o influxo de asiáticos e africanos para as moradias subsidiadas pelo governo, o BNP adota uma tática diferente: "Todos sabem que o problema existe, mas temem concordar com medo de serem chamados de racistas", disse Griffin. "Assim, se você disser que o Partido Trabalhista é racista, está destruindo a comunidade local; está discriminando as pessoas locais com base na cor de sua pele, e tudo que as pessoas foram condicionadas a acreditar em função do que aprenderam na escola ou assistiram na televisão nos últimos 40 anos – que o racismo é ruim – de repente muda, fazendo-os chegar à mesma conclusão que nós chegamos."

"Não há nada incomum nisso", continuou. "É comum na política. O que acontece é que os nacionalistas, na maioria dos países ocidentais, durante algumas décadas não mostraram o mínimo interesse em praticar a política padrão. Quiseram formar um clube perfeito. Foi o que Blair fez com o Partido Trabalhista, o que Thatcher fez com o Partido Conservador. É o que todos os líderes e grupos políticos fazem para conseguir poder. Eles envolvem sua mensagem básica em uma roupagem inteiramente popular."

Encontrei Lee Barnes, o responsável pela mistura de ambientalismo-anti-imigração do BNP, na cidade de Chatham. Localizada a leste de Londres, a cidade fica sobre uma grande colina perto de Gravesend, o porto no Tamisa onde Joseph Conrad começa seu livro *Coração das Trevas* em um navio sombrio, descrevendo a Inglaterra do ponto de vista de um antigo colonizador romano: "O fim do mundo, um mar cor de chumbo, um céu cor de fumaça... Bancos de areia, pântanos, florestas, selvagens – muito pouco para um homem civilizado comer, nada além da água do Tamisa para beber."

No BNP, partido com pouco dinheiro, Barnes, que tem mestrado em Direito, mas está desempregado, cuida de processos legais. Extraoficialmente, ele age como uma organização de pesquisa de um homem só, trabalhando no que chama de "desenvolvimento ideológico estratégico", preparando o partido para o futuro. Barnes usava uma camiseta preta desbotada, revelando sua forte compleição, calças jeans dobrada na bainha, de modo a caírem sobre seus tênis. Usava um bigode comprido e um tufo de pelos pendurado sob seus lábios. Apesar da cabeleira longa, já apresentava duas entradas na testa. No pescoço, trazia um martelo de Thor, símbolo de sua religião pagã. Sentamos em um Café na alameda central de Chatham, enquanto Barnes, que se recusa a comer carne oriunda de fazendas industrializadas, comia um sanduíche de camarão com maionese, tirando as cascas de fatias grossas de pão branco. Fiz algumas perguntas, mas na maior parte do tempo apenas o deixei falar.

A marca do nacionalismo britânico que Barnes descreveu se referia menos aos dias gloriosos do Império Britânico do que à colônia esquecida de Conrad, onde os romanos tremiam e amaldiçoavam os habitantes locais e o tempo. "O nacionalismo moderno diz que sou superior a você", disse ele. "Como posso ser superior a um zulu que se estabeleceu em sua terra e tomou conta dela durante milhares de anos? Se você deseja um mundo no qual o meio ambiente seja protegido, é preciso que os nativos do lugar protejam as culturas e tradições locais. Não se trata de supremacia, mas de eliminar a supremacia. Acreditamos que somos pessoas especiais. Mas se eu fosse alguém que vive na floresta tropical, acreditaria ser uma pessoa especial. E se fosse um zulu africano, acreditaria ser especial. E também se fosse um Inuit, na Groenlândia."

"O nacionalismo e o ambientalismo se associaram no momento em que o primeiro ser humano colocou os pés em seu país", disse ele. "Temos o exemplo dos antigos celtas, os antigos druidas. Seus templos eram as florestas. Havia uma conexão entre as pessoas e a terra. Veio o Império Romano e rompeu essa conexão. Depois veio o Cristianismo, que fez exatamente o mesmo, com sua ideia de que o homem tem o domínio sobre a terra. E então chegou a Economia, que se declarou mais importante do que o meio ambiente. Todas essas coisas precisam ser um pouco menos valorizadas e o meio ambiente precisa ser um pouco mais valorizado."

A associação do ambientalismo exclusivamente com a esquerda é um fenômeno moderno. Jorian Jenks, editor da revista inglesa *Mother Earth*, pioneira na defesa dos alimentos orgânicos e precursora do movimento verde, fora membro sênior da União Britânica de Fascistas antes da Segunda Guerra Mundial. De acordo com o historiador Jonathan Olsen, os próprios nazistas tinham uma forte ala verde: "Quase imediatamente depois de tomar o poder, o regime nacional-socialista lançou uma abrangente legislação ambiental que incluía programas de reflorestamento, proteção das terras alagadas, leis limitando o desenvolvimento industrial e medidas estéticas, como a tentativa de projetar a Autobahn alemã de acordo com princípios de preservação do meio ambiente." Nos Estados Unidos, Madison Grant, conservacionista da década de 1920 que salvou muitas espécies da extinção, foi uma famosa eugenicista e a autora de *The Passing of the Great Race*, que argumentava que os europeus nórdicos haviam alcançado superioridade racial, adaptando-se ao severo clima do norte. "O ambientalismo foi sequestrado pela esquerda", disse Barnes. "Não é mais verde; é vermelho. Aqueles traidores. Desprezo o movimento verde. 'Ah, nós somos contra a energia nuclear.' Bem, não é possível ser contra a mudança climática causada pelas emissões de dióxido de carbono e depois se opor à energia nuclear. 'Ah, somos a favor da imigração em massa.' Como é possível apoiar a imigração em massa quando se é, supostamente, de um partido ambientalista?"

"O meio ambiente será um grande problema no futuro", disse Barnes. "Não é um problema tão grande hoje porque o impacto ainda não se fez sentir." Nem Barnes nem Griffin aceitam que os níveis crescentes de dióxido de carbono causem a mudança climática, mas ambos acreditam que as pressões ambientais levarão a tempos difíceis mais adiante, seja por meio da disseminação de novas doenças devido à globalização ou apenas pela escassez de petróleo. "Em algum momento, a maneira como abusamos do meio ambiente e o exploramos provocará uma crise ambiental", disse Barnes. "O importante é começar a se preparar agora, inserindo a ideologia e a linguagem do ambientalismo no nacionalismo. É a crise do futuro. Isso e a superpopulação, que são sintomas exatamente da mesma coisa. Pessoas que não têm respeito pela terra procriam como coelhos."

As opiniões de Barnes encontram ecos surpreendentes no *establishment* ambiental, no qual se associam a argumentos de que a população mundial é insustentável. James Lovelock, ex-cientista da NASA que criou a teoria da Gaia, tratando a Terra como um organismo vivo, há muito tempo se queixa que o planeta será incapaz de sustentar a população atual. O World Wide Fund for Nature alertou que as pessoas estão consumindo os recursos naturais com uma velocidade 20% maior do que a natureza conseguiria renová-los. O Sierra Club sofreu reiteradas tentativas de tomada de poder por uma facção perto das fronteiras, que tentou acrescentar a redução da imigração ao estatuto do grupo ambiental.

A organização que traça as ligações mais explícitas é a Optimum Population Trust, instituto britânico organizado para realizar pesquisas interdisciplinares cujos defensores mais proeminentes incluem a pesquisadora de chimpanzés Jane Goodall e Paul Ehrlich, professor de Stanford e autor de *The Population Bomb*. O grupo calcula que a população do Reino Unido tem de ser reduzida pela metade até por motivos ambientais, e que dificilmente a terra será capaz de sustentar mais de 3 bilhões de pessoas, menos da metade do número atual de habitantes do planeta. Defende o limite de dois filhos por família, dizendo que não ter o terceiro filho é "provavelmente, a medida mais eficiente que as pessoas podem tomar para interromper a mudança climática", e calculou em um *press release* que cada cidadão do Reino Unido libera durante a vida uma quantidade de dióxido de carbono equivalente a 620 voos de ida e volta de um lado a outro do Atlântico.

Um impedimento significativo aos objetivos do grupo é a imigração, que, segundo a Optimum Population Trust, foi responsável por 66% do crescimento populacional do Reino Unido entre 2001 e 2005, comparados aos 2% na década de 1950. Para chegar a uma população sustentável, argumenta o grupo, a imigração deve ser mantida em nível comparável à emigração. "Estamos defendendo a proibição total ou a imigração neutra nesse país, e isso permitiria fluxos bem grandes tanto de entrada quanto de saída no país", disse Rosamund McDougall, membro do conselho consultivo do grupo. "Só estamos pedindo que seja equilibrada. Porque a densidade populacional do país é alta e nossa pegada de carbono já ultrapassou seu limite."

"Há uma divisão interna se formando no Partido Verde na Inglaterra, que é claramente esquerdista", disse Nick Griffin, quando o encontrei em um pub na parte leste de Londres em outra tarde chuvosa. Sentamo-nos ao lado de uma janela de canto e assistimos o tempo escurecer as calçadas e as estradas. "Hoje há quem diga que não se pode falar sobre salvar o meio ambiente na Inglaterra sem algum tipo de controle de imigração. No tempo devido, se tivermos o luxo de dispor de um pouco mais de tempo, buscaremos alternativas para atrair algumas pessoas do movimento e trazê-las para nosso lado."

"Nós nos consideramos o único partido verde lógico na Inglaterra", disse Griffin, "Não há nada de lógico em querer salvar as baleias e espécies de formigas e, ao mesmo tempo, querer estimular ou apoiar movimentos migratórios que estão contribuindo para as maiores destruições de etnias humanas e de diversidades culturais que o mundo já viu. Sempre que retiramos do Terceiro Mundo uma pessoa com uma pegada de carbono mínima e a levamos para o mundo ocidental, estamos elevando maciçamente seu impacto na liberação de carbono na atmosfera mundial. Não há dúvida de que o estilo de vida ocidental não é sustentável. Portanto, para que transformar mais pessoas em ocidentais?" Aumentar as pressões sobre a imigração e as preocupações com a mudança climática, disse Griffin, unirá os ambientalistas e os nacionalistas, como dois trens que se aproximam da mesma estação, provenientes de direções opostas. "Você acaba em uma posição paralela", disse ele. "É bastante fácil pular."

Mas embora o coquetel de mudança climática e imigração possa transformar xenófobos em verdes e levar alguns ambientalistas para a direita, poucos liberais verdes se filiarão ao BNP. É mais provável que ocorram coalizões dentro dos partidos conservadores tradicionais, onde os dois movimentos podem descobrir aliados. O que os alemães chamam de Coalizões Melancia (verde por fora, vermelha por dentro) poderia se transformar em Coalizões Camufladas (verdes por fora, marrom por dentro), já que ambos os lados começam a pedir emprestados os argumentos do outro contra o que percebem cada vez mais como uma ameaça em comum.

As opiniões do BNP sobre o meio ambiente são incomuns para um partido nacionalista apenas pelo fato de o partido defendê-las.

Durante a última campanha presidencial francesa, o candidato de ultradireita Jean-Marie Le Pen deixou de lado sua xenofobia a favor de um novo tema: ambientalismo. Na Áustria, um novo partido, liderado pelo populista da ala direita Jörg Haider, defende controles rigorosos para imigração, apoio ao cultivo de produtos orgânicos e um imposto "verde" para cobrir o custo ambiental total de um bem ou serviço.

No Reino Unido, onde a extrema direita continua sendo uma força política minoritária, o efeito provavelmente será a adoção das ideias direitistas entre os principais partidos à medida que as mais radicais ganharem aceitação. No entanto, em lugares como o norte da Itália, os grupos anti-imigração já desfrutam de prestígio considerável, e esquerda e direita competem em um equilíbrio delicado. As mudanças na coalizão poderiam causar verdadeiro impacto eleitoral. Na Bélgica, onde o nacionalista flamengo Vlaams Belang se tornou um dos maiores partidos do país, uma expropriação habilidosa do ambientalismo poderia render cargos no governo.

Mesmo que a extrema direita se demonstre incapaz de transformar as preocupações com o aquecimento global em medo xenofóbico, os governos se sentem cada vez mais pressionados a adotarem alguma atitude aparente a respeito das ondas de pobres arruinados pelo clima que desembarcam em suas praias. Em 2007, o Escritório das Nações Unidas para Assuntos Humanitários anunciou ter prestado socorro a um número recorde de secas, enchentes e tempestades. Dos treze desastres naturais para os quais sua ajuda fora solicitada, apenas um – um terremoto no Peru – não estava relacionado com o clima. Em 2005, o ano do último recorde, o escritório prestara assistência a 10 desastres, e apenas a metade está relacionada ao clima. Caso essa tendência continue, a imigração ilegal se tornará um problema perene e os políticos provavelmente se beneficiarão mais junto ao eleitorado ao defenderem abertamente o fechamento das fronteiras do que ao realizarem esforços previdentes no sentido de abordar as causas básicas. Durante anos, a França manteve campos de imigrantes na entrada do túnel do canal para a Inglaterra. A Itália pressionou a Líbia para impedir a saída dos imigrantes em seu lado do Mediterrâneo. Embora tenham poucas chances de causar impacto sobre a imigração, certamente esforços desse tipo aumentarão de qualquer maneira à medida que os políticos tentam enviar uma mensagem aos eleitores e imigrantes: é isso que acontece quando vocês entram ilegalmente.

Enquanto isso, os imigrantes provavelmente enviarão as próprias mensagens de apelo pela empatia do eleitorado. Os confrontos podem ecoar o que aconteceu no nordeste da Austrália anteriormente, nesta década, quando o governo tentou deter o fluxo de imigrantes que chegavam com uma campanha publicitária direcionada aos candidatos. "Você NÃO será bem-vindo", diziam os cartazes distribuídos no Oriente Médio. "Você SERÁ mantido em centros de detenção a milhares de quilômetros de Sidney e pode PERDER todo o seu dinheiro e ser mandado de volta." Os campos espalhados pelas áreas rurais da Austrália acabaram cheios de milhares de imigrantes. Em 2000, mais de 150 pessoas em busca de asilo anunciaram greve de fome. Pelo menos uma dúzia cerrou os lábios em protesto contra a detenção. Diante dos protestos do público, em 2003 o governo fechou o pior dos campos.

A pressão vai aumentar sobre os países dos quais os imigrantes estão fugindo, seja para aceitá-los de volta ou para deter seu fluxo. Porém, ainda que alguns possam tentar ceder às pressões, esses esforços com certeza também não causarão grandes impactos. Nos casos em que guerras civis ou catástrofes ambientais chamam a atenção internacional, podemos esperar intervenções militares e humanitárias semelhantes às da invasão do presidente norte-americano Bill Clinton ao Haiti em 1994, quando números crescentes de refugiados em botes, após um golpe na ilha do Caribe, o convenceram a mobilizar 20 mil soldados americanos para levar novamente ao poder o presidente democraticamente eleito, Jean Bertrand Aristide. Quando a junta militar voltou atrás, no último minuto, a invasão se transformou em intervenção humanitária.

A imigração é um fenômeno diverso e disperso. Os fluxos migratórios podem seguir padrões amplos, mas para cada ponto de entrada, fator motivador ou destino desejado há milhares de rotas, motivos e objetivos individuais. A não ser que os países desenvolvidos mudem radicalmente seu caráter, há pouco que possam fazer para deter o fluxo migratório. Em muitos lugares, a diversidade racial na escala de Nova York ou Londres provavelmente vai se tornar regra, em vez da exceção. Ruas multicoloridas, nas quais as pessoas falam vários idiomas, serão a norma.

Se os países hospedeiros sairão perdendo ou ganhando com as crescentes fileiras de estrangeiros? Isso depende, em grande parte, de como os imigrantes serão assimilados. O contra-almirante Chris Parry, o estrategista militar, alerta sobre a "colonização reversa", quando a Internet e os voos baratos permitem que os migrantes mantenham contato com sua pátria. "A questão da diáspora é uma de minhas maiores preocupações no momento", disse ele em uma conferência de especialistas militares. "A globalização faz a assimilação parecer redundante e antiquada... Grupos de pessoas transitam entre vários países, explorando sofisticadas redes e usando a comunicação instantânea proporcionada pelos telefones e pela Internet."

As preocupações de Parry certamente são exageradas, mas ele não é o único que vê o futuro em termos improváveis, mas preocupantes. Em um artigo provocativo publicado no *International Journal of Environment and Sustainable Development*, Peter Wells, professor da Cardiff University, pinta o quadro de uma aliança emergente entre verde e direita, provocada, em seu cenário, pelas frustrações crescentes a respeito da incapacidade da democracia de lidar com o aquecimento global: "Uma moderna Junta Verde dificilmente colocará tanques nas ruas e tomando o poder do dia para a noite. Em vez disso, nos assusta com pequenos passos – todos eles justificados pela 'necessidade'. Combina o interesse nacional com uma versão contemporânea de fazer os trens saírem na hora exata, destaca os perigos amorfos externos, transforma discordância em ausência de patriotismo. Agarra-se nas manifestações simbólicas de sociedade democrática e, ao mesmo tempo, elimina seu conteúdo real."

Enquanto eu falava com Griffin, fiz algumas notas sobre sua aparência, descrevi as rugas sob seus olhos, a protuberância de seu nariz, então me arrisquei a fazer seu desenho. Ele não tinha nada de excepcional: a afabilidade de político aliviada por uma bolsa de gordura em torno dos olhos que lhe suavizava também o contorno do queixo. Usava uma camisa azul com calça social. Tinha os cabelos curtos e divididos ao meio. Tínhamos comido enquanto conversávamos e ele demorou a beber sua cerveja antes de me convidar para acompanhá-lo em um passeio até Canvey Island, uma grande e desvalorizada área de desenvolvimento urbano construída sobre um pântano na boca do Tamisa. O BNP estava inaugurando uma nova sede e Griffin havia marcado uma visita.

Seu carro era uma camionete Ford Mondeo com vidros escuros, dirigido por seu guarda-costas, um halterofilista com o peito e a cabeça de um lutador profissional: careca, largo, com um cavanhaque fino e uma sobrancelha que quase se dobrava sobre seus olhos. Depois de algumas voltas e de uma parada para um rápido jantar e para que Griffin pudesse trocar de camisa, chegamos a uma faixa de boates e cassinos decadentes de frente para um aterro elevado, protegendo as construções contra o Tamisa. Um vento gelado deixava uma espuma nas ondas que desaparecia na luz. Entramos por uma porta perto do Las Vegas Casino e subimos por uma escada velha, atapetada com espelhos dos dois lados. Minha primeira impressão foi a de um clube de strip-tease decadente, mas, mesmo assim, fiquei surpreso ao ver um aviso dizendo: "O contato físico entre cliente e artista é estritamente proibido."

Griffin está ciente de que uma plataforma anti-imigração, mesmo que fosse conquistar todos os votos verdes, dificilmente vencerá uma eleição, mas mesmo assim vinha atravessando o país. Ele e Barnes – bem como grande parte de seu partido – estão convencidos de que a escassez de petróleo, a dívida crescente e a imigração em massa se combinarão para levar o Reino Unido e, na verdade, o resto do mundo, a uma crise. O tumulto subsequente, até mesmo a guerra civil, lhes oferecerá uma oportunidade. "Obviamente, em épocas normais, não há muito que se possa fazer", disse Griffin. "Mas é preciso estabelecer um grau de legitimidade política, se não de aceitabilidade, antes dos tempos difíceis. E, quando eles chegarem, todas as coisas que não foram politicamente possíveis até então se tornam possíveis."

"Quando a economia entrar em crise, as pessoas mais atingidas serão as da classe média", disse-me Barnes. "E elas abraçarão o radicalismo, e você verá uma nova forma de agitação política baseada na proteção de seus estilos de vida. Haverá um movimento popular exigindo mudança social. Você nos verá conquistando mais e mais mandatos políticos. Ao mesmo tempo, o estado, as empresas, a mídia ficarão cada vez mais repressivas. Haverá uma quantidade cada vez maior de pessoas marchando nas ruas. E haverá um confronto em algum ponto." Perguntei a Griffin se concordava com essa visão de uma Revolução Laranja, no estilo ucraniano. "Fora as revoluções violentas, há muito poucos exemplos de uma oligarquia dominante com uma mentalidade fechada disposta a abrir mão do que tem", respondeu. "Exceto pelo protesto das massas. E sentindo que, se não abrirem mão do que têm de bom grado, acabarão pendurados nos postes. E a Revolução Laranja é exatamente isso. Não se trata de vestir um paletó laranja. Trata-se de dizer que há tantas pessoas aqui que vocês não vão conseguir atirar em todos nós, por isso façam suas malas e vão embora."

Bem, o tal clube de strip-tease fora fechado e transformado em uma boate especializada em imitadores de Elvis e de Tom Jones. Chegamos durante uma reunião com cerca de 50 participantes sentados em cadeiras no que antes era a pista de dança. Em um palco onde antes se apresentava uma dançarina em um poste, três homens estavam sentados diante de uma mesa enfeitada com a bandeira inglesa. Bandeiras inglesas estavam penduradas nas janelas e na parede. Havia um forte odor de cerveja choca e o chão estava colando. Depois da apresentação de alguns palestrantes, chegou a vez de Griffin. Ele fizera um discurso na noite anterior, em um local na vizinhança, por isso hoje estaria respondendo às perguntas. "É uma maneira de mostrar que somos diferentes de outros partidos", disse. "Tony Blair. Quando foi a última vez que o viu cercado por pessoas de carne e osso? Ele se cerca dos filhos de pessoas que não lhe fazem perguntas inconvenientes." O Griffin diante da multidão era um homem diferente daquele com quem eu fizera duas refeições demoradas e tivera uma conversa vaga, quase desinteressada. Em vez de ficar de pé atrás das mesas como os outros fizeram, ele parou na beirada do palco, em uma plataforma que o deixava mais perto dos ouvintes. "Somos o partido que sai batendo à porta das pessoas", disse. "Vamos direto ao assunto: dê o fora." Com o paletó do terno, seus ombros pareciam mais quadrados. Ele gesticulava constantemente com as mãos. Com os punhos cerrados, levantou uma das mãos. Respondeu às perguntas no estilo retórico *staccato* de Tony Blair ao enfrentar a oposição. Ele aceitou perguntas após perguntas e parecia realmente um parlamentar.

Sobre o Iraque: "Acreditamos que nossos homens e mulheres precisam voltar imediatamente e o primeiro batalhão que voltar precisa ficar baseado aqui mesmo, neste país."

Sobre a deportação de imigrantes: "O governo já reúne muitos imigrantes ilegais, portanto não vai pode reclamar quando o BNP reunir todos os ilegais."

Sobre o êxodo dos brancos para os subúrbios, fenômeno migratório que levou o nome de *white flight*: "Se isso tivesse sido feito a qualquer outra pessoa nesse planeta, seria chamado de genocídio. Pois genocídio não é apenas metralhar, matar pessoas com gás. É também destruir as comunidades."

Sobre o futuro do BNP: "Os outros partidos serão forçados a formar coalizões contra nós. Essa é uma posição fantástica para se estar em tempos de crise. Porque todos os outros partidos já disseram aos ingleses que vocês são diferentes. E é onde estaremos daqui a cinco anos: prontos para um crescimento espetacular em tempos de crise."

4

"EM UMA NOVA FRONTEIRA"
BRASIL, DESEQUILÍBRIOS NOS ECOSSISTEMAS E DOENÇAS

A cidade de Manaus é uma metrópole de quase dois milhões de habitantes encravada no meio da floresta tropical brasileira. Está localizada a jusante do encontro entre as águas escuras do Rio Negro e as águas leitosas do Rio Solimões, que formam o Rio Amazonas. Muito bem localizada para a exploração das seringueiras, que antes eram encontradas exclusivamente na floresta sul-americana, Manaus manteve seu monopólio desde a Revolução Industrial até o século XX. Entre 1850 e 1920, cresceu 10 vezes de tamanho, transformando-se de lugar atrasado na "Paris da Selva". Foi a primeira cidade brasileira a ter bondes, a segunda a ter postes de luz elétrica e a primeira a receber uma universidade. Seu principal centro cultural, o Teatro Amazonas, um teatro lírico em estilo renascentista inaugurado em 1896, foi construído e decorado com azulejos franceses, cristais italianos e ferros fundidos ingleses.

O declínio da cidade começou quando um agente do Royal Botanic Gardens de Londres contrabandeou 70 mil sementes de seringueira para o exterior, permitindo que os ingleses interrompessem a exclusividade do cultivo da seringueira na América do Sul através de plantações na Malásia, no Sri Lanka e na África tropical. Manaus, porém, manteve sua preeminência como centro político, geográfico e cultural e recuperou sua ascendência em 1967, quando o Brasil transformou o porto fluvial em zona franca. Nokia, Sony, Kawasaki, Harley-Davidson, Honda e Kodak se instalaram no distrito industrial e a "Paris da Selva" se transformou na Hong Kong da Amazônia.

Mesmo hoje, os preços de eletroeletrônicos na cidade são aproximadamente um terço mais baixos do que os preços vigentes no restante do país. A cidade reúne mais de 50% de todos os aparelhos de televisão do Brasil. Os turistas estrangeiros podem conhecer Manaus como um ponto de partida para excursões na floresta, mas para os brasileiros Manaus é um lugar ao qual se chega com malas vazias e se sai de malas cheias.

"Manaus é uma cidade grande isolada no meio da floresta", disse Flavio Luizão, coordenador do projeto Experimento de Grande Escala da Biosfera-Atmosfera na Amazônia (projeto LBA), uma iniciativa internacional liderada pelo Brasil para estudar a selva. "Mas é muito poluída. Manaus é uma cidade bastante rica por causa do distrito industrial, por isso a quantidade de automóveis é grande e o trânsito é péssimo. Além disso, quase toda a nossa energia vem de usinas termoelétricas, ou seja, da queima de petróleo. A barragem construída aqui perto foi um completo desastre ecológico. Um lago enorme, mas raso demais, que produz apenas o bastante, e talvez nem isso, para o distrito industrial. A eletricidade das casas e lojas de Manaus vem da queima de petróleo." Resultado: grande quantidade de fumaça da descarga dos veículos e subindo das usinas de energia pairando sobre o verde da selva como fumaça de uma vela que acaba de ser soprada.

No entanto, a imagem da cidade como uma ilha de fumaça e nevoeiro em um mar de ar fresco disfarça a verdadeira situação da poluição no Brasil. A cada estação de seca, partes das árvores do Amazonas são derrubadas pela ação das motosserras. À medida que as árvores são derrubadas e queimadas na floresta, especialmente no sul, a fumaça de milhares de queimadas embranquecem o céu. O sol se transforma em um ponto fraco, lutando para aparecer em meio à fumaça. Os aeroportos da região são forçados a interromper suas operações. Partículas de carbono negro que sobem na atmosfera estimulam a formação de enormes nuvens que se recusam a se transformar em chuva. Em comparação com essas áreas de grande desmatamento, Manaus parece limpa. "Há um lugar na margem sul do Amazonas no qual temos torres e equipamentos coletando dados há mais de 12 anos", disse Luizão. "Na estação da seca, é possível ver os enormes picos de concentração de aerossóis na atmosfera seca." Durante as queimadas, a qualidade do ar é comparável à do centro de São Paulo, a famosa e poluída capital comercial do Brasil.

No entanto, os problemas acabam depois que o fogo apaga. O solo recém-exposto libera dióxido de nitrogênio, um poluente mais comumente associado aos automóveis. Flutua para dentro da baixa troposfera, onde a luz solar o converte em ozônio, gás tóxico que ataca os pulmões e tecidos, agrava a asma e interrompe o crescimento das plantas. Os pesquisadores brasileiros descobriram que, durante a estação da seca, os níveis de ozônio triplicam, as concentrações de dióxido de nitrogênio são 10 vezes maiores e a quantidade de monóxido de carbono no ar torna-se de 50 a 90 vezes mais alta. "Os problemas de poluição no Brasil são, em sua maior parte, causados pelo desmatamento, não pela poluição urbana", argumenta Luizão.

Quando estive no Brasil, a estação das chuvas acabara de começar. Os incêndios há muito se haviam extinguido, e o ar estava claro. Voei primeiro para Manaus e depois para Porto Velho, capital de Rondônia, pequeno estado brasileiro próximo à fronteira com a Bolívia, e depois fui para o sul. O desmatamento no Amazonas começa com uma estrada. O governo constrói uma rodovia e os lenhadores, legalmente ou não, cortam os galhos para extrair a madeira mais valiosa. Nas imagens de satélite de Rondônia, obtidas a partir de 1996, a penetração parece o desenho de uma espinha de peixe: o estado é um remendo de verde, retalhado por autoestradas e algumas estradas secundárias. Nas fotos que foram tiradas 10 anos depois, a espinha de peixe aumentou. Fazendas e sítios preenchem as artérias onde ficava a floresta. Fora das áreas de Rondônia, onde a derrubada de árvores é proibida – áreas de preservação e reservas indígenas –, a floresta está completamente fragmentada. Pequenos grupos de árvores separam os campos. No estado, quase um terço da floresta foi desmatado.

A estrada para Porto Velho era ladeada por pastos. Pálidas colinas verdes eram interrompidas por ocasionais nichos escuros do que já fora uma floresta impenetrável. Eu viajava de carro com Eraldo Matricardi, um cientista da agência de proteção ambiental do estado que retornara ao Brasil alguns meses antes, depois de completar seu doutorado em Michigan. Nada na área pela qual estávamos passando mostrava que ali havia, recentemente, uma floresta. "Meu pai é fazendeiro", disse Matricardi. "Considera o pedaço de floresta que deixou para trás um problema, um obstáculo. Essa é a ideia de todos que vêm para o estado: 'Vim para derrubar a floresta.'"

Rondônia começou a perder sua cobertura florestal na década de 1970, quando o governo militar brasileiro passou a encorajar os pobres provenientes de regiões superpovoadas, mais ao sul do país, a se mudarem para lá. Para os militares de alta patente, era a solução ideal. A mudança possibilitava explorar recursos que ainda não haviam sido utilizados, preenchia uma lacuna militar e reduzia a pressão pela reforma agrária. Para os colonos, era a chance de recomeço. Havia apenas as árvores entre eles e a terra rica sob elas. Olhei pela janela enquanto Matricardi dirigia. Havia cercas ao longo da estrada. Vacas brancas e fortes pastavam nos campos. Parecia Idaho. Só que com palmeiras. "O desmatamento é bom", disse Matricardi. "Pelo menos, é o que pensa a comunidade local."

No entanto, não demorou muito para que o projeto de colonização do Brasil enfrentasse um desafio inesperado. A chegada dos colonos coincidiu com um inédito surto de malária, uma doença causada por um parasita oriundo de um mosquito que provoca febre, náuseas, calafrios e dores no corpo. Na década de 1970, em Rondônia havia 10 mil casos anuais da doença. Na década de 1990, esse número saltou para 250 mil casos ao ano. A chegada de sangue novo não estava apenas fornecendo ao parasita mais vítimas para infectar, como também a doença potencialmente letal tinha outro inesperado aliado: o desmatamento da floresta.

Nem todos os mosquitos transmitem o parasita da malária com igual eficiência. Na Amazônia, o vetor mais letal é o *Anopheles darlingi*. Com a forma de uma faca alada, o mosquito tem fome de sangue humano e preferência por espaços abertos. "Todas as espécies de mosquito têm seus locais de desova preferidos", disse Luiz Hildebrando Pereira da Silva, que dirige o Centro de Pesquisas em Medicina Tropical, em Porto Velho. "Alguns desovam na vegetação. Põem seus ovos nas flores ou nas plantas, portanto sua reprodução depende disso. O *darlingi* gosta de lugares com muita água e sol."

Quando compararam as áreas de florestas às áreas desmatadas, pesquisadores peruanos descobriram que os mosquitos *Anopheles darlingi* mordem quase 300 vezes mais fora da selva. "Descobrimos uma maior quantidade desses perigosos mosquitos e suas larvas em áreas desmatadas, mesmo depois do controle para a população humana", declarou Jonathan Patz, cientista especializado em saúde ambiental na University of Wisconsin. "Coletamos amostras de mosquitos em campos agrícolas abandonados. Não havia ninguém na área, mas encontramos esses mosquitos. Na outra ponta do espectro, havia algumas cidades dentro da selva, isto é, densas populações humanas em um local de floresta. Mas havia uma quantidade muito menor desses mosquitos, se é que havia algum."

Segundo os pesquisadores do centro em Porto Velho, o *Anopheles darlingi* não chega a 2% da população de mosquitos dentro das florestas da região. Perto, fora das florestas, onde os colonos têm suas fazendas, o inseto sedento de sangue é responsável por 95% da população. "O mosquito estava vivendo na floresta, mas com dificuldade", disse Pereira da Silva. "Então o homem chegou. Derrubou as árvores. Formou grandes e bonitas poças de água. Isso foi muito bom para o *darlingi*. Ele procriou. E tomou conta de tudo."

O governo brasileiro já não promove mais ativamente o desmatamento, mas permanece ambivalente quanto à sua redução e continua a construir e manter as estradas, levar eletricidade às novas comunidades e fornecer infraestrutura e serviços para os colonos. Nosso motorista nos levou até Monte Negro, antes um centro econômico da fronteira, até que essa mudou de lugar e os lenhadores e grande parte da população seguiram a floresta para oeste. A estrada diante de nós estava em péssimas condições. Tivemos de parar duas vezes enquanto equipes de construção manejavam equipamentos de terraplanagem e tratores. O novo centro da economia da madeira era uma cidade chamada Buritis, uma comunidade cinzenta e empoeirada de 60 mil habitantes, cercada de serrarias e madeira empilhada. Nas estradas do outro lado, os caminhões que encontramos eram menores e descobertos, carregados com toras de madeira de diâmetro maior do que a altura de um homem. A paisagem continuava a ser de fazendas, mas de um tipo mais rústico. Ainda se viam pedaços de floresta agarrados aos pés das colinas. Nos pastos, cada metro de terra estava dividido por nacos queimados e escurecidos — o que sobrara da Floresta Amazônica.

Nossa estrada se espremia entre pedaços de verde-cintilante. Durante um pequeno trecho, atravessou a selva intocada. Havíamos alcançado as mais novas fazendas assentadas, a última fronteira na conquista da Amazônia. Toras de madeira tombadas se misturavam nos campos. Tocos, alguns com muitos metros de altura, marchavam pela terra, atravessando vários metros de terra de ninguém até as linhas de frente, onde a floresta ainda mantinha o controle.

Jovelino Santino dos Santos chegara há seis meses, no início da estação da seca. Pagara um pouco mais de US$8 mil a um grileiro por 86 acres de terra. Era baixo e forte, de cabelos crespos. A pele do rosto, bronzeada pelo sol, estava retesada. Ao sorrir, mostrava a falta de um dente na frente. Não se barbeava há vários dias. Com a ajuda de uma motosserra e do fogo, desmatara cerca de 8% da terra que havia comprado. Apenas as palmeiras permaneciam. Os troncos eram muito duros para o corte. Ele calculava que, para limpar todo o terreno, seriam necessários 10 anos.

Jovelino e a esposa, Maria Aparecida dos Santos, estavam capinando os milharais quando chegamos. Haviam caminhado carregando uma grande tora para ser usada como lenha. Começou a chover e nós nos reunimos dentro de sua casa. As paredes eram feitas com galhos finos ainda cobertos com a casca, com espaço suficiente para a luz passar entre eles. O telhado era feito de folhas de plástico sobre pequenas vigas de madeira. Do outro lado da cortina que dividia a casa em duas, percebi uma cama de casal encostada em uma cama beliche para os dois filhos. Do lado de cá, onde estávamos, havia dois pequenos sofás cobertos com um pano, uma mesa de concreto com pernas de madeira, um fogão a gás sem o botijão e uma estante onde se encontravam vários potes e panelas. Pintinhos ciscavam no chão sujo. O ar cheirava à fumaça de madeira. A chuva tamborilava no teto de plástico que cobria a casa.

Jovelino tinha 35 anos. Antes de chegar, havia trabalhado em um pequeno lote para um proprietário em Buritis. "Não pretendo vender essa terra", disse. "Pretendo ficar aqui e trabalhar muito." Maria tinha 33 anos. Ela havia batizado seu novo lar de Sol Nascente.

Um mês antes, Maria contraíra malária. Na semana seguinte, Jovelino também caiu doente, só que a malária o atingira com maior virulência, deixando-o de cama por 10 dias. Então Maria adoeceu novamente. A seguir, foi a filha de 13 anos. O único da família que não contraiu malária foi o caçula, de 5 anos. "Não podemos nos dar ao luxo de ter malária", disse Maria. "Mas é mais difícil para as crianças." A agente de saúde mais próxima, uma mulher chamada Lurdes Sotinho, trabalhava em uma clínica na cidade de Rio Branco, um centro comercial formado por casas de madeira sem pintura, a meia hora de carro. Ela atendia a uma população de mais ou menos mil habitantes e colonos e estava cuidando de cerca de 15 casos de malária por dia. Cada pessoa contraía malária em média cinco vezes por ano. "Quando têm febre, vomitam ou apresentam qualquer outro sintoma, as pessoas procuram a clínica", disse. "Em geral, quando alguém na família pega malária, o restante adoece em seguida." Perguntei a Jovelino se havia esperado ter tantos problemas com o parasita. Todos os seus vizinhos haviam adoecido. Ele não tinha carro, por isso, sempre que alguém em sua família caía doente, com malária, tinha de pedir carona. "Eu teria vindo de qualquer maneira", disse. "Se você quer alguma coisa especial, ter o próprio pedaço de terra, tem de enfrentar a situação."

À medida que a fronteira se desloca, a incidência de malária tende a cair. Os pontos de desova vão sendo ocupados. O sistema de saúde brasileiro fortalece o controle da doença. As casas se tornam mais resistentes, mais inóspitas aos mosquitos. Mas, mesmo com a diminuição da epidemia, aumentam as pressões pelo deslocamento dos colonos. Em Rio Branco, encontramos vários vizinhos de Jovelino, antigos colonos que haviam desmatado um pedaço de terra perto de Monte Negro ou mais ao sul, depois vendido o terreno e se mudado, começando a vida novamente onde a terra era mais barata e intocada. "Os solos de Rondônia não são bons para a agricultura", disse Matricardi. "Mas podem ser muito bons para pastos – pelo menos pelos primeiros 10 ou 15 anos. No início, funciona muito bem. Mas depois os pastos envelhecem e começam a dar problemas. A situação fica insustentável e o pequeno agricultor se muda. E então passamos a ver concentração de terra, pessoas vendendo pequenos lotes, e os sítios ficam muito maiores. Enquanto isso, o pequeno agricultor está em uma nova fronteira. Começa com madeira selecionada, derrubando as árvores mais valorizadas no mercado, limpando a terra e pegando malária novamente."

NA PRIMAVERA DE 1993, MERRILL BAHE, 19 ANOS, astro das provas de *cross-country* da reserva dos Navajo nos arredores de Gallup, Novo México, ia de carro com a família para a cidade quando começou a sentir falta de ar. Estava saindo de uma gripe, mas, de uma hora para a outra, não conseguia respirar. Enquanto ele sofria no banco de trás, os pais, apavorados, pararam diante de uma loja de conveniência para pedir ajuda. Era tarde demais. Nem os paramédicos nem os médicos do pronto-socorro conseguiram reanimá-lo. Seus pulmões estavam cheios de água. Ele havia sufocado.

Era o segundo caso que Richard Malone, o investigador médico, tinha visto. Antes, naquele mesmo mês, uma mulher de 30 anos morrera no mesmo pronto-socorro com os pulmões cheios de um líquido claro, amarelado. Os casos haviam preocupado e espantado Malone, que procurou os pais de Bahe em busca de pistas. "O que eles contaram lhe deu calafrios", escreveu Denise Grady na revista *Discover*. "Seu filho morrera a caminho do enterro da noiva, explicaram. Ela havia morrido cinco dias antes, com sintomas exatamente iguais aos dele. O casal vivia na reserva com o filho pequeno. Como ela morrera na reserva, o escritório de Malone não fora sido notificado. 'Foi quando percebi que estávamos vivendo uma crise', [disse] Malone."

Investigando um pouco mais, Malone e seus colegas logo identificaram sete casos, seis deles com desfecho letal. Notícias sobre a doença fatal causaram pânico na região. Uma semana depois, o irmão da noiva de Bahe e a namorada caíram doentes. Ela morreu, com os pulmões cheios de água. As vítimas, em sua maioria, tinham menos de 30 anos, eram fortes e saudáveis até a febre e a tosse surgirem de repente. Um caiu morto enquanto dançava. O pior de tudo: ninguém sabia o que causava a doença ou como era transmitida. A imprensa a chamou de Gripe Navajo. Alguns restaurantes recusavam famílias Navajo ou as serviam com pratos de papel e luvas de plástico. Por outro lado, alguns Navajo culpavam os turistas brancos por introduzirem a doença. Outros cochichavam sobre venenos espalhados sobre os cactos peiote ou germes transformados em armas de uma base militar nos arredores.

Os cientistas vindos dos CDC (Centers for Disease Control and Prevention – Centros para Controle e Prevenção de Doenças) de Atlanta trabalharam com máscaras cirúrgicas e roupas impermeáveis. Um mês depois do caso de Bahe, já havia 14 mortes e outras 12 pessoas foram diagnosticadas com a doença. Mas os cientistas conseguiram realizar um avanço surpreendente. As proteínas dos anticorpos nos sobreviventes reagiram à família de hantavírus, um vírus transmitido por roedores que deve seu nome ao rio Hantan, na Coreia do Sul. Era a primeira vez que um hantavírus infectava seres humanos na América do Norte. Um ano antes, cientistas no Instituto de Medicina haviam postulado que as cepas asiáticas, que podem provocar falência renal, poderiam cruzar o Pacífico. Mas o assassino no Novo México parecia ser um vírus nativo. Em vez de atingir os rins, atacava os pulmões. "Nunca imaginamos um cenário como esse", disse Stephen Morse – virologista da Rockfeller University – a Grady. "Parecia ficção."

Robert Parmenter, ecologista da Universidade of New Mexico, vinha estudando a população de roedores desde 1989. No outono anterior, percebera uma explosão na população de camundongos do gênero *peromyscus*. Nas áreas onde Parmenter normalmente capturava três camundongos, suas armadilhas estavam capturando 30. "Quando se identificou que a misteriosa doença era causada por um vírus transmitido por roedores, ficou muito claro que havia uma alta densidade populacional desses animais na época em que aconteceu o surto da doença", disse ele. Mais camundongos significavam mais animais vivendo muito perto, um cenário perfeito para o vírus se espalhar. "Assim que a população aumenta, o hantavírus pode se movimentar rapidamente", disse Parmenter. O vírus estivera, quase certamente, presente no Novo México, simultaneamente ao *peromyscus*, mas jamais atingira níveis suficientemente elevados para causar um surto detectável.

"O hantavírus não afeta o camundongo", explicou Parmenter. "É transmitido ao ser humano através da urina e fezes aerossolizadas. Normalmente, há muitos camundongos vivendo em garagens, abrigos, nos porões das casas. Na primavera, as pessoas costumam ir a esses lugares para limpá-los. Usam vassouras ou aspiradores de pó e levantam a poeira infectada no ar. Em geral, estão em um espaço fechado com ar viciado, dentro de um edifício ou debaixo de um trailer, inalando a urina aerossolizada de roedores contendo vírus. Isso combina perfeitamente bem com a teoria epidemiológica padrão. Assim, a pergunta a ser feita era a seguinte: por que há tantos roedores agora?"

A resposta está no clima. O ano do surto e o anterior foram anos do fenômeno El Niño, durante o qual o Oceano Pacífico ao largo da costa da América do Sul esquenta, afetando padrões climáticos e inundando o sudoeste dos Estados Unidos com chuvas. "Isso causou aumento na abundância de alimentos para os roedores – vegetação, insetos, frutas vermelhas, nozes e sementes", disse Parmenter. "A população de roedores cresceu muito rapidamente e, na primavera de 1993, estava muito numerosa." Quando o El Niño voltou, cinco anos depois, Parmenter teve a oportunidade de testar sua teoria. Entre 1993 e 1997, apenas um em cada 10 dos camundongos capturados carregava o vírus. Depois de outra estação estranhamente úmida em 1998, a população de roedores aumentou, e 50% dos animais testados estava infectada. "No Novo México, é comum termos quatro casos em seres humanos por ano, mas depois dos anos úmidos, quando as condições são ótimas para as populações de camundongos, esses números podem dobrar ou triplicar", explicou. "Nos anos muito secos, quando as populações de camundongos estão baixas, podíamos ter apenas um ou dois casos, às vezes nenhum." Parmenter associara o surgimento do hantavírus às oscilações no clima global.

Se as mudanças ou os distúrbios climáticos podem levar a surtos inesperados, podemos esperar que o aquecimento global faça o mesmo. A maioria das doenças é encontrada nos trópicos, a parte mais quente da Terra. À medida que as temperaturas se elevarem ao redor do mundo, seu raio de ação aumentará. "À medida que o clima começar a mudar, o ciclo da água também vai mudar", explicou Parmenter. "Alguns lugares ficarão mais úmidos. Outros ficarão mais secos. A elevação do nível do mar influenciará a localização dos pântanos. Sempre que houver uma doença transmitida por um vetor, ele será suscetível à mudança climática. O que veremos é que o alcance das espécies está se movendo para o norte e para o alto."

"Agora mesmo, a distribuição dos pássaros está mudando", continuou Parmenter. "Até em minha casa, aqui no Novo México, durante os primeiros oito anos em que vivi aqui, nunca vimos uma *Zenaida asiatica*. Agora as vejo o tempo todo. Essa espécie de pomba é típica do sul do Novo México, mas está migrando para o norte. Vemos esse tipo de coisa o tempo todo. O caso dos roedores foi documentado? Não, ainda não. Mas tenho certeza de que será. Sempre que você muda um hábitat e as condições ambientais de modo a favorecer o vetor de uma doença, mais cedo ou mais tarde começará a ver um aumento dessa doença."

Depois de resolver o mistério do hantavírus, Parmenter voltou sua atenção para a peste bubônica. Mais uma vez, foi o clima que provocou a doença. Nos desertos quentes do Novo México, o nível pluviométrico fez toda a diferença: os invernos e as primaveras mais úmidos levaram a um aumento no número de casos à medida que ratos e moscas proliferavam. Enquanto isso, no Cazaquistão, onde o clima é muito mais frio, os cientistas estavam descobrindo que o clima quente é o fator determinante. As pesquisas realizadas por Nils Christian Stenseth, da University of Oslo, revelaram que a elevação das temperaturas da primavera em quase 2°C aumentava em quase 60% a prevalência da peste. Quando Stenseth comparou suas descobertas com as séries históricas de temperatura, descobriu que os principais surtos da história aconteceram nos anos em que o Cazaquistão esteve mais quente e úmido. "Nossas análises corroboram a hipótese de que a Peste Negra da Idade Média e a pandemia de peste de meados do século XIX devem ter sido provocadas por condições climáticas favoráveis na Ásia Central", concluiu.

Na Nigéria, em 2002, tive malária duas vezes. Curei-me logo em ambas as vezes, antes que a doença pudesse ganhar força. Mesmo assim, ela me derrubou. A caminho da clínica para fazer um exame de sangue, da segunda vez que tive a doença, vomitei na estrada. Naquela noite, no sofá da casa de um amigo, meus ossos doíam terrivelmente, eu não parava de tremer e minha camisa mudou de cor com o suor. Só voltei a trabalhar dois dias depois.

À medida que as temperaturas sobem, regiões que antes estavam livres dos mosquitos transmissores de doenças se tornam próprias para os insetos. "Estamos vendo mudanças na área de ação dos mosquitos e das doenças transmitidas por eles", disse Paul Epstein, diretor associado do Center for Health and the Global Environment da Harvard Medical School (Centro para Saúde e Meio Ambiente Global da Faculdade de Medicina de Harvard). "Será um problema crescente em termos de latitude e nas margens, tanto no que diz respeito à ampliação do limite de alcance quanto à sazonalidade."

As larvas dos mosquitos amadurecem mais rapidamente quando a água em que crescem está morna. As fêmeas dos mosquitos digerem o sangue mais rapidamente e mordem mais vezes quando a temperatura aumenta. A transmissão da malária começa quando um mosquito se alimenta de sangue de uma pessoa infectada. Os parasitas, então, se dividem em machos e fêmeas, reproduzindo-se no intestino do mosquito, e liberam esporozoítos em forma de cobra que migram para a glândula salivar do vetor, prontos para serem injetados quando o inseto morde outra pessoa. Um mosquito transmissor da malária vive apenas algumas semanas. A sobrevivência do parasita depende de ele alcançar a maturidade enquanto seu hospedeiro ainda está vivo para morder sua próxima vítima. A cepa da malária que contraí se chama *Plasmodium falciparum*. A uma temperatura de 20°C, o parasita leva 26 dias para completar seu ciclo reprodutivo. A 25°C, está pronto para reinfectar outra pessoa depois de apenas 13 dias.

A mudança climática também está acelerando a proliferação da dengue, uma doença tropical basicamente urbana, que causa febre e dor no corpo. A doença ressurgiu no Brasil e sobe pela costa americana. No México, a quantidade de casos aumentou 600% desde 2001. Os surtos alcançaram o estado de Chihuahua, na fronteira com o Texas, que antes estava livre dessa doença. O Painel Intergovernamental sobre Mudança Climática estima que, em 2080, mais de 2 bilhões de pessoas viverão em áreas hospitaleiras para o vírus.

Os cientistas que estudam o vírus Ebola no Gabão dizem que os surtos da doença surgem depois que o tempo úmido interrompe um longo período de seca. Na América do Norte, a expansão do vírus do Nilo Ocidental acelerou-se quando as temperaturas quentes e a seca em 1999 favoreceram o mosquito transmissor e a doença por ele transmitida. No mesmo ano, surgiu um novo vírus na Malásia. O desmatamento e os incêndios provocados pela seca fizeram os morcegos da selva se alimentarem nos pomares perto de onde os fazendeiros mantinham seus porcos. Os animais alimentados com os dejetos do morcego contraíram o vírus Nipah e os transmitiram a seus donos. Cento e uma pessoas morreram e quase um milhão de porcos foram sacrificados, mas o vírus escapou para Indonésia, Austrália, Filipinas e Bangladesh.

Em agosto de 2007, uma epidemia atingiu Castiglione di Cervia, uma pequena cidade no norte da Itália. Mais de 100 dos 2 mil habitantes da cidade apresentaram febre alta, erupções na pele e dor alucinante nos ossos e articulações. Um inverno surpreendentemente ameno permitira que o mosquito *Aedes albopictus* começasse a procriar mais cedo, e sua população havia aumentado. Quando um turista italiano voltou da Índia infectado pelo vírus *chikungunya*, doença da mesma família da dengue, os insetos foram o vetor perfeito. Era a primeira vez que a doença surgia no continente. "Quando retornamos com o nome e o sobrenome do vírus, o surto já terminara", declarou Rafaella Angelini, diretora da Secretaria Regional de Saúde de Ravenna, ao *New York Times*. "Quando nos disseram que era o vírus *chikungunya*, a doença já não era mais um problema de Ravenna. Mas pensei: é um grande problema para a Europa." De acordo com os executivos da Organização Mundial da Saúde, a epidemia foi o primeiro surto de uma doença tropical europeia causada pela mudança climática.

"Tudo faz parte de um padrão de surgimento de novas doenças e do ressurgimento e redistribuição de antigas doenças", disse Epstein. "Está acontecendo no mundo inteiro, e os motivos são muitos: desmatamento, mudanças nos hábitats, uso de substâncias químicas que afetam os predadores, uso de antibióticos pelo ser humano e mudanças no clima." A quebra dos padrões climáticos normais favorece as pestes e os parasitas oportunistas. A mudança climática tem o potencial de abalar os ecossistemas e reunir seres humanos, animais e agentes patogênicos de maneiras novas e inesperadas. Desde 1976, a Organização Mundial da Saúde identificou 39 doenças antes desconhecidas, como o Ebola, o hantavírus do Novo México e a doença de Lyme – uma erupção de patógenos semelhante àquela que surgiu com o advento da agricultura e a Revolução Industrial. "À medida que se tornar mais instável, o clima terá um impacto crescente", disse Epstein. "Vamos ver as coisas mudarem."

WILLIAM RUDDIMAN ESTAVA QUASE SE APOSENTANDO QUANDO se deparou com um gráfico dos níveis históricos de metano. Paleoclimatologista da University of Virginia, no início de sua carreira Ruddiman examinara sedimentos oceânicos em busca de pistas de temperaturas antigas e concentrara suas pesquisas mais recentes nos fatores determinantes do clima mundial. Mas os dados, coletados de bolhas de ar presas em lençóis de gelo na Antártida, o surpreenderam. "Eu tinha uma expectativa muito clara do que deveria estar acontecendo com aquelas concentrações", disse. As estações chuvosas nos trópicos vinham se enfraquecendo nos últimos 10 mil anos, diminuindo os pântanos e alagados que geram a maior parte do metano natural do mundo. A tendência nos núcleos de gelo deveria estar em declínio. "Foi o que aconteceu entre 10 a 5 mil anos atrás", explicou Ruddiman. "Ocorre que depois a tendência se inverteu e aumentou. E aumentou tanto que, quando chegamos à Era Industrial, foi como se as monções estivessem se movimentando a toda velocidade. E, mesmo assim, os trópicos estão secando. A tendência do metano seguiu na direção errada. Não deveria ter feito isso. Por que isso aconteceu?"

A hipótese de Ruddiman, publicada depois de sua aposentadoria, gerou mais controvérsia do que qualquer coisa que tenha feito durante sua carreira. "Se não eram as fontes naturais que estavam despejando esse metano extra na atmosfera, então deveria ser outra coisa", postulou. "Os seres humanos eram a possibilidade mais óbvia." A tendência do gráfico do metano – concluiu – estabeleceu-se quando os agricultores chineses começaram a plantar arroz em grandes quantidades. "As pessoas começaram a usar a irrigação", disse. "Estavam mais bem alimentadas. A população começou a crescer. Um número maior de pessoas passou a ter rebanhos maiores, e o gado é uma fonte de metano." A civilização humana, Ruddiman argumentou, vem alterando o clima global desde o começo da agricultura em larga escala.

Ao examinar o dióxido de carbono, Ruddiman encontrou tendência semelhante. "Deveria estar em queda nos últimos 10 mil anos, até a Era Industrial", disse ele. "E, de fato, houve uma queda durante uns 2 mil anos, mas, depois disso, a tendência se inverteu. É um problema paralelo. Por que aumentou quando, em épocas semelhantes no passado, sempre diminuía?"

"Bem, há excelentes dados na Europa mostrando os primórdios do que se tornaria um grande desmatamento, começando mais ou menos 8 mil ou 7.500 anos atrás", disse ele. "Só que, há mais ou menos mil anos, a maior parte da Europa está completamente desmatada. Provavelmente existem mais florestas hoje na maior parte da Europa do que naquela época." Surpreendentemente, os níveis de carbono não aumentaram de maneira uniforme. Durante a Era Romana, oscilaram, caíram e depois voltaram a subir, por volta do ano 1000. Pouco depois de 1500, em um período que coincide com a Pequena Idade do Gelo, quando o Hemisfério Norte mergulhou em uma série de invernos muito rigorosos, subiram novamente. Se a elevação do dióxido de carbono teve como causa o aumento da população e a derrubada de árvores, será que as oscilações e quedas que Ruddiman estava observando tiveram como causa o despovoamento e o reflorestamento?

As primeiras quedas coincidem com as pestes ocorridas durante as Eras Romana e Medieval, mas a datação dos dados referentes à Idade do Gelo não era muito precisa. Ruddiman concentrou-se no declínio mais acentuado, que começou depois de 1500 e durou mais de 200 anos. "A queda do dióxido de carbono está relacionada à maior pandemia de toda a história industrial, a chegada dos europeus às Américas", disse. Antes da chegada de Cristóvão Colombo, havia no Novo Mundo 50 a 60 milhões de habitantes. Duzentos anos depois, restavam apenas cinco milhões de americanos nativos.

"Cidades inteiras que antes faziam fronteira com os vales do sistema do baixo Mississippi foram abandonadas, junto com infindáveis milharais", escreveu Ruddiman em *Plows, Plagues, and Petroleum: How Humans Took Control of Climate*. "Depois de as florestas ocuparem novamente o espaço, o único indício óbvio da antiga existência desses agricultores eram os maciços montes de terra usados com finalidades cerimoniais, e a maioria desses montes era arada por colonos e achatada para criar vilas e cidades. Na bacia do Amazonas e em outras regiões de florestas tropicais, a luxuriante vegetação tropical engoliu a maior parte dos indícios da existência de antigos habitantes. Muitas décadas depois, há tão poucos indícios da antiga ocupação da América do Norte que os cientistas e historiadores do século XIX e do início do século XX presumem que as populações eram relativamente pequenas."

Varíola, tifo, cólera, sarampo e uma série de outras doenças haviam dizimado aproximadamente um décimo da população da Terra. As árvores que recuperaram suas fazendas e cidades sugaram o carbono do ar: "Até que ponto a pandemia americana contribuiu para a Pequena Idade do Gelo?", perguntou Ruddiman. "Sua contribuição deve ter sido enorme, mas pelo menos metade da redução do dióxido de carbono ocorreu por causa da pandemia."

"Há uma enorme quantidade de carbono armazenada na biomassa da floresta e também no solo", disse Philip Fearnside, professor do Instituto Nacional de Pesquisas da Amazônia (INPA), em Manaus. Cerca de 100 bilhões de toneladas de carbono estão presos nas folhas, galhos, trepadeiras, troncos e raízes da Floresta Amazônica, mais do que o equivalente a uma década das emissões de combustível fóssil do mundo. Sempre que ocorre uma queimada na floresta, parte desse carbono é liberada na atmosfera. No Brasil, o desmatamento produz mais emissões do que as geradas por toda a sua frota de automóveis e indústrias juntos. O país libera cerca de 80 milhões de toneladas de carbono na atmosfera com a queima de combustível fóssil. Em 2006, a quantidade produzida através de árvores queimadas, toras apodrecidas e da decomposição de húmus na terra triplicou.

A Amazônia está contribuindo para o que pode ser sua própria extinção. Os modelos de mudança climática que preveem o futuro da floresta diferem a respeito do que irá acontecer na América do Sul equatorial. Mas o modelo que melhor reproduz os ciclos históricos de secas causados pelos oceanos aquecidos do globo prevê grandes secas: a diminuição das chuvas que varrem a Amazônia no horizonte de 70 anos. "E olhe que as queimadas não foram incluídas nesses modelos", disse Fearnside. "A Amazônia está sendo destruída apenas pelas árvores que morrem de sede."

Para ter uma ideia de como a selva reage à seca, Daniel Nepstad, cientista do Woods Hole Research Center, em Massachusetts, cavou uma grande trincheira em volta de um hectare da Floresta Amazônica e cobriu a floresta com mais de cinco mil painéis de plástico. Calhas canalizaram 30% da água para um vale próximo. A floresta se manteve sob seca artificial durante três anos, e depois começou a morrer. "As árvores grandes foram as mais suscetíveis à morte induzida pela seca", disse Nepstad. "A floresta continua a sofrer danos muitos anos depois. Os organismos dominantes da floresta estão sendo retirados e mortos. Caem no solo da floresta ao morrer, abrindo mais clareiras. Em suma: estão transformando um ecossistema muito resistente ao fogo em um ecossistema vulnerável a ele."

Nepstad associou suas descobertas a modelos econômicos para o futuro dos setores madeireiro e agrícola do Brasil. Comparativamente, a forte seca prevista pelos modelos climáticos parecia otimista. Em 2030, previu Nepstad, os fazendeiros terão desmatado quase 31% do restante da Amazônia. O setor madeireiro desbastará outros 12%. A seca degradará outros 12%, mais ainda se a mudança climática reduzir as chuvas, como se espera. Mais da metade da floresta desaparecerá ou será danificada. Vinte bilhões de toneladas de carbono serão liberados na atmosfera.

O que o rápido declínio da população de animais e plantas significa para agricultores como Jovelino? Se o desmatamento pela motosserra ou pela queimada causa malária, a perda de árvores pela seca e pelas queimadas fazem o mesmo? "Se a floresta encolher, o que acontecerá com a malária?" questiona Ulisses Confalonieri, professor de Saúde Pública da Fundação Oswaldo Cruz no Brasil. "A Floresta Amazônica vai se transformar em savana? Não sabemos se o mosquito persistirá nessas áreas ou não." Na África, onde a doença é sazonal, a transmissão do parasita depende da interação entre as condições do tempo e o clima no longo prazo. Em zonas mais úmidas, os casos aumentam durante períodos de seca – quando os mosquitos podem se reproduzir em água parada – e caem quando chuvas levam embora os locais de desova. Em áreas normalmente secas, o padrão se reverte. As chuvas criam poças nas quais os insetos podem procriar. Períodos secos significam menos mosquitos e redução da incidência de malária. Na Amazônia, as taxas de infecção tendem a cair ligeiramente durante os anos de seca. Mas as pesquisas também sugerem que o tempo seco permite que os mosquitos procriem na água dos rios, afetando assim a população ribeirinha.

Essas incertezas serão os maiores desafios da mudança climática para a saúde pública. É mais fácil enfrentar as doenças quando se sabe quando e onde elas atacarão. Os surtos surgem em épocas de incerteza. Com o vírus do Nilo ocidental, números crescentes de mosquitos e outros vetores ajudarão os vírus e parasitas a escaparem à vigilância. Anteriormente, as regiões de malária, como Itália, França, Flórida e partes do Brasil, onde o parasita é controlado por meio da aplicação de inseticida nas áreas de desova e do tratamento rápido da doença, enfrentaram pressão crescente. "Os fatores limitadores são a situação climática e a vigilância dos agentes da saúde pública na região", disse Luiz Hidelbrando Pereira da Silva, do Centro de Pesquisas em Medicina Tropical em Porto Velho. "Se houver condições para melhorar a densidade dos mosquitos, a quantidade de epidemias crescerá. Isso aumentará a responsabilidade e o trabalho para o pessoal de controle sanitário."

Secas, desastres naturais e conflitos causados pelo clima afetarão adversamente os sistemas de saúde e deslocarão pessoas e epidemias. "Uma questão importante em termos de cenários climáticos é a do nordeste brasileiro", disse Confalonieri. "É uma região semiárida. Se a temperatura aumentar e as chuvas diminuírem, haverá migração em massa de pessoas que deixarão a região." Durante os períodos de seca causados pelo El Niño na década de 1980, agricultores arruinados da região migraram para as cidades em busca de trabalho e provocaram inesperados surtos de calazar (leishmaniose visceral), doença potencialmente letal que ataca o baço. Eles vieram de regiões endêmicas e causaram epidemias onde a doença era desconhecida. Outros agricultores escaparam para a região da Amazônia, contraíram malária e, com o fim da seca, trouxeram o parasita de volta para casa e para seus vizinhos.

Em 2005, durante a seca brasileira, centenas de comunidades na Amazônia ocidental deixaram de ter acesso ao programa de saúde quando secaram lagos e rios e, como consequência, não puderam mais usar os barcos. O derretimento de geleiras permanentes em lugares como a Rússia terá efeito semelhante. A Organização Mundial da Saúde calcula que, na virada para este século, o aquecimento global foi responsável por três em cada mil mortes. Em 2000, ondas de calor e doenças mataram 150 mil pessoas. Em 2003, as temperaturas elevadas na Europa mataram cerca de 45 mil pessoas em duas semanas. O aquecimento global é responsável por 2% dos casos de malária e por um em cada 40 casos de diarreia, uma das principais causas de morte de crianças no mundo desenvolvido, de acordo com a Organização Mundial da Saúde. Os polens e o mofo se juntam à desertificação e aos incêndios florestais para provocar infecções respiratórias, alergias e asma. As secas, como a de Darfur, provocam desnutrição e morte. Se as tendências atuais continuarem, acredita-se que o número de mortes atribuídas à mudança climática dobre nos próximos 30 anos.

Certa noite, em Porto Velho, juntei-me a quatro funcionários do programa estadual de controle da malária para uma viagem noturna a uma zona rural próxima. Deixamos o asfalto logo na saída da cidade, aceleramos em uma ladeira íngreme e paramos em uma fazenda de criação de ovelhas. Havia um pequeno barracão de madeira, mobiliado com fardos de feno e uma pequena televisão colorida. Ambos os lados da varanda haviam sido transformados em curral para as ovelhas. No terceiro, roupas pendiam de um varal. Gansos andavam desengonçados pela lama. O sol havia começado a desaparecer e meus companheiros se abanaram, partindo para o trabalho. Cada um levava um pequeno banco, uma lanterna, xícaras tampadas com redes contra mosquito e um longo tubo de borracha. Segui seu líder, um homem baixo, de cabelos escuros, chamado Ernaldo Cunha Santos. Ele enrolou as calças, sentou-se no banco, puxou as meias pretas de algodão até a altura do joelho e esperou que os mosquitos o mordessem.

Cada vez que um mosquito pousava, ele o localizava com a lanterna. Com o tubo de borracha na boca, sugava o inseto e o cuspia dentro da xícara. Vinte minutos depois, mostrou-me o fruto de seu trabalho. A xícara estava cheia de mosquitos. Magros e famintos, os mosquitos voavam como dardos de um lado para o outro. O tubo de Santos varria sua perna, aspirando até cinco mosquitos de uma só vez. Ele parou e me lançou um olhar irônico e paciente. Então, alertado por uma repentina coceira no calcanhar, voltou a atenção para suas meias.

Até mesmo onde eu estava, os mosquitos estavam mordendo meus pulsos e dedos. Depois de cerca de 45 minutos, perguntei quantos ele havia apanhado. Ele fez um sinal negativo com o polegar. Tinha chovido à tarde e os mosquitos não estavam mordendo como de costume. Tinha apanhado apenas 120. Entramos novamente no caminhão e voltamos para Porto Velho. Juntos, os quatro homens foram mordidos por 300 mosquitos, prováveis transmissores da malária, em menos de uma hora. A coleta era um ritual diário.

Na manhã seguinte, Santos e seus colegas testariam os insetos com pesticidas para que o estado pudesse se adaptar a quaisquer sinais de resistência. O custo econômico da malária é alto. A doença é tanto causa quanto consequência da pobreza. Na África, onde é mais difundida, o Banco Mundial calcula que as epidemias custem ao continente US$12 bilhões por ano e retardem em até 1,3% o crescimento da economia. Nos países mais duramente atingidos, até mesmo medidas preventivas simples, como o uso de mosquiteiros para as camas os quais não custam mais de US$5 – sem falar em medicamentos contra a malária ou o rígido controle dos mosquitos –, estão fora do alcance dos muito pobres. "Onde a malária prospera mais, as sociedades humanas prosperaram menos", escreveu Jeffrey Sachs, diretor do Earth Institute na Columbia University, e Pia Malaney, economista de Harvard, em *Nature*. "A extensão da correlação sugere que malária e pobreza estão intrinsecamente relacionadas."

Os sistemas de saúde dos países mais ricos certamente são capazes de reduzir os efeitos da mudança climática na disseminação de doenças, mas os países no Terceiro Mundo sofrerão todas as consequências. "As restrições ao movimento de mercadorias também poderia ser uma fonte de confusão econômica e política", escreveram

John Podesta e Peter Ogden, do Center for American Progress, progressivo instituto de pesquisa, no *Washington Quarterly*. Os países atingidos pelas pandemias poderiam perder receitas significativas por conta do declínio das exportações causado pelos limites ou barreiras impostos aos produtos que têm origem ou passam por eles. As restrições impostas à Índia em um surto de peste, que durou sete semanas em 1994, custou aproximadamente US$2 bilhões em receitas comerciais. Os países que dependem do turismo poderiam ser economicamente devastados até por surtos relativamente pequenos."

As doenças transmitidas por vetores se espalharão pelas terras altas de países pobres como Quênia, Uganda e Zimbabwe, e perderão força diante do progresso feito pelas economias emergentes. Subhrendu Pattanayak, economista da RTI International, empresa de pesquisas sem fins lucrativos baseada na Carolina do Norte, argumenta que os países amazônicos necessitam evitar o desmatamento, pelo menos para mitigar o custo econômico à medida que aumentam os casos de malária por causa da mudança climática. "É claro que temos o caso da África", disse ele. "Mas há países como Brasil, Índia, Indonésia e Malásia, os quais não são tão pobres e onde as consequências poderiam ser muito sérias." Na batalha contra a doença e a mudança climática, Pattanayak disse que são os países de renda média que têm mais a perder. "Alguns deles estão prontos para decolar e desempenhar um papel importante no cenário mundial", disse. "Mas ainda estão suscetíveis a esses surtos. Com isso, eu me preocuparia."

5

"BELO LUGAR"
A COSTA OESTE, VERÕES MAIS QUENTES E A SAFRA DE UVAS

A Cain Vineyard and Winery está localizada nas montanhas entre os vales Napa e Sonoma, cujo acesso se dá por várias estradas íngremes, estreitas e arborizadas partindo das trilhas para os turistas. Não há placas sinalizando as saídas; apenas uma placa pequena, na entrada da propriedade. Os visitantes são bem-vindos, mas não procurados. As visitas são agendadas somente nas manhãs de sexta-feira e de sábado, quando, supostamente, o pessoal não tem nada mais urgente para fazer. A sala de degustação da propriedade é grande, decorada com opulência. No dia de minha visita, havia uma mesa arrumada para três pessoas, com taças de vinho, copos descartáveis e jogos americanos de papel branco. Acima da lareira apagada, havia um quadro de caubóis tocando o gado por uma planície deserta.

Juntaram-se a mim Chris Howell, o vinicultor, e Ashley Anderson, administradora do vinhedo. Ambos estavam vestidos para trabalhar nos campos. Howell usava uma camisa azul de mangas curtas, larga, desbotada pelo sol. As calças cáqui estavam um pouco curtas – paravam um pouco acima dos sapatos de couro marrom. Tinha a voz anasalada. Anderson vestia uma camisa amarela de manga comprida e jeans. O laranja de seu boné combinava com a cor das botas de trabalho. Tinha longos cabelos castanhos e o bronzeado de quem trabalhava sob o sol.

Começamos com o Cain Cuvée do ano anterior. Howell abriu a garrafa e serviu as três taças. "Temos aqui um vinho tinto. A cor vem da casca." Segurou a taça em certo ângulo, analisando a coloração do vinho, tendo como fundo o branco do serviço americano. "O sumo de onde veio esse vinho obviamente tem açúcar e acidez", descreveu. "Mas o segredo está no perfume, no aroma. Qual é a diferença entre um pêssego delicioso e um pêssego mais ou menos? O perfume." Aproximou o nariz da taça, respirou fundo, levou-a aos lábios. Fiz o mesmo. Um sabor amargo deu lugar ao sabor picante de pinheiro, depois para uma erva forte, como orégano desidratado. Cuspimos nos copos descartáveis.

"Qual é sua opinião, Ashley?", perguntou Howell. "Ashley é melhor provadora do que eu."

"Senti algumas notas picantes", respondeu Anderson. "Não exatamente um picante vegetal, mas um tipo herbáceo, como de tempero."

"Isso, como estragão", disse Howell.

"E como de uma floresta verde", completou Anderson.

"O objetivo é saber harmonizar esse sabor com a comida", disse Howell. "O sabor permanece? Qual é o impacto total e qual o equilíbrio?"

Howell serviu então um segundo tipo de vinho, uma mistura de uvas denominada Cain Concept. "A diferença entre esses dois vinhos é basicamente o lugar onde as uvas cresceram, em que vinhedos", disse. Ele segurou a taça bem no alto, contra a luz. "Você pode ver que é mais escuro, mas isso não significa, necessariamente, melhor. Quanto ao aroma, parece ter menos o perfume de ervas e mais o de uma fruta adocicada, como o da cereja."

"É mais encorpado", completou Anderson.

"E a entrada é um pouco mais doce, redonda, cheia", disse Howell. "A textura, os taninos são mais suaves."

"É, o paladar fica um pouco diferente", acrescentou Anderson. "É mais redondo, mais sedoso."

"O que interessa nisso tudo é o seguinte: 'É, esses vinhos são diferentes uns dos outros'", disse Howell. "Talvez nada mais nos torne tão sensíveis às diferenças de sabor. Se tivermos uma horta em casa, podemos dizer : 'Este não foi um ano tão bom para os tomates.'

Mas a maioria das pessoas nem pensa nisso. Simplesmente vão ao mercado e compram os tomates."

Eu tinha ido a Cain para conversar com Howell sobre os efeitos da mudança climática no setor vinícola, e a degustação improvisada foi um exemplo do impacto que as pequenas diferenças poderiam causar. Howell concorda que a clássica visão europeia da produção de vinhos que sustenta que os fatores determinantes da produção de uma safra de qualidade são as variedades das uvas usadas (cabernet, pinot noir, merlot etc.), o solo do qual se alimentam e o clima no qual se desenvolvem. Quando uma garrafa de um vinho de qualidade finalmente é aberta, seu sabor foi formado por uma série quase infinita de opções. Como as uvas foram prensadas? Por que tipo de fermentação passaram? Quanto tempo a polpa, a casca e as sementes descansaram? Como e quando foi filtrado? Qual foi a temperatura de fermentação? O vinicultor acrescentou ácido ou açúcar? Em que florestas cresceu o carvalho do barril onde o vinho foi envelhecido? Como a garrafa ficou armazenada e por quanto tempo?

Entretanto, em última análise, o que realmente importa é a qualidade da uva. Um vinicultor inexperiente pode transformar uma ótima uva em um vinho ruim, mas uma safra de qualidade só pode ter origem nas melhores colheitas. "Todo vinicultor sabe que, no final, o que vale são as uvas", disse Howell.

No entanto, as uvas, sobretudo as usadas para produzir os melhores vinhos, são particularmente suscetíveis às mudanças no clima em que são cultivadas. As melhores safras são feitas com uvas que amadurecem no momento, na estação e na velocidade certas. Se estiver quente demais, os açúcares na fruta aumentam rápido demais, deixando os compostos do sabor – os elementos que conferem complexidade ao vinho – sem tempo para o desenvolvimento, e o vinicultor é obrigado a fazer a colheita cedo demais, antes de a fruta amadurecer por completo. Se o calor não for suficiente durante a estação de crescimento e as uvas chegarem à época da colheita ainda amargas, com as sementes verdes, o vinicultor terá de optar entre colhê-las logo ou arriscar-se às chuvas de outono, que podem produzir uvas mofadas e inchadas. Ao contrário das outras frutas, que precisam ser comercializadas, distribuídas e expostas de modo a atrair os olhos do comprador, a única coisa que importa ao se escolher o momento para a colheita das uvas é o que se conseguirá depois de aberta a garrafa. "Não escolhemos as uvas de acordo com sua aparência, distância até onde podem ser transportadas, como será seu sabor daqui a três semanas, mas sim de acordo com seu sabor naquele momento", explicou Howell. "O que define o vinho? Somente seu sabor."

As uvas são as únicas frutas cujo ano da safra interessa aos consumidores. O que distingue uma safra boa de outra ruim em geral não depende de mudanças na variedade de uva utilizada, do solo onde foi cultivada ou das técnicas da produção. Na maioria dos casos, a única coisa que varia de um ano para o outro são as condições climáticas em que as uvas cresceram.

À medida que o clima muda, muda também a forma de cultivo das uvas. Em um pedaço de terra no qual os vinhedos já estão plantados, o trabalho se resume a garantir que cada uva receba exatamente a quantidade de calor necessária. Na parede da sala de degustação, Howell havia pendurado fotos em série da propriedade Cain. Nelas, feitas com infravermelho, os vinhedos pareciam colchas carmins. Os matizes mais brilhantes refletiam os níveis mais elevados de clorofila, superfícies de folhas maiores e uvas mais robustas. Uma forte risca vermelha seguia perpendicularmente às fileiras de vinhedos, indicando um veio de água subterrâneo. "Isso nos ajuda a tomar decisões", disse Anderson. "Sabemos que nesta área as uvas provavelmente irão amadurecer de modo diferente do que em outra, bem ao lado. Vamos fazer a colheita nesses 10 acres e teremos, no mínimo, oito tipos diferentes de uvas."

Mais cedo, Howell me levara a um passeio pelos vinhedos, fazendo pelo caminho diversos comentários sobre microclimas e *terroirs*: como o sol da manhã atingiu um local, como o tipo de solo mudou. Howell é tão obcecado que pede ao mesmo trabalhador para podar a mesma videira todo ano, a fim de eliminar qualquer influência de uma possível diferença no estilo de poda. Como ocorre com a maioria dos perfeccionistas, o passeio foi basicamente uma descrição de suas imperfeições. Ele havia plantado fileiras de videiras em colinas em forma de terraços, duas em cada degrau, e observara tempos de amadurecimento distintos na colina superior e nas laterais das colinas inferiores. Em um local, o calor tirara o brilho da vinhas. As plantas haviam queimado, disse ele, e perdido as folhas.

Nos declives, o trabalho se resume em garantir que as uvas comecem a amadurecer no mesmo ritmo e terminem exatamente no tempo certo. Quase tudo pode fazer diferença: se uma colina está voltada para o norte ou para o sul, quantos cachos são deixados em cada vinha, o espaçamento entre as treliças, como e quando as parreiras serão podadas, a brisa que sopra pelas folhas, a quantidade e a frequência da rega. "Tudo se resume ao cacho", explicou Howell. "Que posição ele ocupa na videira? Onde, exatamente, incide a luz do sol? Qual é a temperatura? Qual é o fluxo do ar? Podemos ficar aqui falando sobre a temperatura no vale o dia inteiro, mas é a temperatura do cacho que vai afetar o sabor do vinho."

Seguimos por uma estrada de terra até uma saliência na extremidade da propriedade. Estávamos em uma abertura na vertente do rio entre os dois vales. Os vinhedos de Howell estavam no lado Napa do espinhaço da montanha. A luz do sol brilhava sobre campos de grama seca, dourada. Do outro lado, onde o vale de Sonoma começava sua escalada do sopé da montanha, soprava um vento frio. Mais acima da montanha, uma única árvore se inclinava com as rajadas de vento.

Howell abriu um portão fechado por uma corrente e entramos nos vinhedos, com cuidado para não escorregar na encosta de cascalhos. Colunas de aço enferrujadas sustentavam uma grossa treliça de arame, na qual as videiras se agarravam à medida que cresciam. Na parte inferior, mais ou menos na altura de nossos tornozelos, canos escuros de irrigação passavam ao longo dos canteiros. Os troncos eram marrons e cheios de nós, mais ou menos da grossura do braço de uma criança. Era um dia ensolarado de verão, um pouco antes da época da colheita. Os trabalhadores do vinhedo haviam colhido as uvas, selecionando os cachos que haviam levado mais tempo para amadurecer. Uvas carbenet descartadas amontoavam-se e murchavam aos pés da videira, montes negros na grama dourada.

Uma maneira de controlar a temperatura de um grupo específico de uvas é cuidar do formato da videira. Os cachos podem ser colocados mais próximos ou mais distantes do solo, alterando, assim, a quantidade de calor refletido e irradiado que chega até eles. As folhas podem ser dobradas ou podadas para regular a luz do sol e as correntes de ar. Howell se agachou perto das uvas. Os cachos chegavam à altura de meu joelho. As folhas eram relativamente esparsas e puxadas para cima contra o plano formado pela fileira de videiras. "Esse é o lugar mais frio de nosso vinhedo", disse Howell. "Há cinco anos, meu objetivo era conseguir mais calor bem aqui. Era tão frio que queria levar as parreiras para bem perto do chão. E era absolutamente necessário ter um sistema vertical bem certinho, em que esses cachos não pegassem sombra alguma." O pedaço de terra foi um dos primeiros que Howell plantou logo que assumiu o comando na década de 1980, quando acabara de retornar da França, onde havia estudado e trabalhado. "Descobri que há calor demais, que esse sistema – que evoluiu na Europa, em um clima muito mais chuvoso e muito mais nebuloso – não servia para cá", explicou. "A luz do sol incide demais sobre esses cachos, o solo é muito quente e as frutas vão literalmente murchar antes de amadurecer."

"Agora, deixamos que cresçam naturalmente", disse. "Deixamos os brotos saírem para fora para criar um pouco de sombra. E, à medida que nossa plantação se desenvolve, fazemos a parreira subir cada vez mais."

Mais cedo, Howell me conduzira por um portão de metal atrás de sua casa que se abria em fileiras de videiras amadurecendo. As fileiras que ele estava me mostrando eram as mais antigas da propriedade, organizadas em um estilo tradicional denominado "California sprawl". Os cachos ficam mais ou menos na metade da altura da videira. As folhas podem crescer em diferentes direções, protegendo os cachos dos raios solares mais quentes. "O que se consegue aqui são cachos aparentemente protegidos na sombra", explicou. "Mas se você observar bem de perto, verá que há um pouco de luz solar. A folhagem não é muito espessa. Dá para ver o cacho inteiro, e esse é o segredo. Em algum momento, durante o dia, todas as partes desses cachos estão expostas a um pouco de sol."

Ele puxou o emaranhado de folhas que formava o dossel. As uvas sob o dossel eram do tamanho de bolas de gude. De cor púrpura empoeirada, cresciam em pequenos cachos. "Prove uma dessas", disse. A fruta era pequena e macia entre meus dedos, sem o volume, o brilho ou a firmeza das uvas de mesa. O suco era ácido, com uma pitada do sabor de maçã ácida. As sementes eram grandes e ásperas. "Mastigue a casca", disse Howell. "Tem um pouco do sabor do tanino, um pouco seco, parecendo um antisséptico bucal."

Ele me esperou terminar, depois voltou a abaixar o dossel sobre as uvas. "É um sistema de cultivo das uvas que eu costumava achar tolo", disse ele. "Está definitivamente adaptado às temperaturas mais quentes e a um clima muito ensolarado, sem nuvens."

Na sala de degustação, perguntei a Howell o que um aumento na temperatura significaria para os vinhos que ele produzia. As duas safras que havíamos provado foram feitas com uvas cultivadas a poucos quilômetros de distância uma das outras – havia poucas mudanças na variedade, no solo e no clima –, mas a Concept é vendida pelo dobro do preço da Cavée. "A essência é que, se alguma coisa muda, muda também o *status quo*", disse Howell. "Se mudança climática for sinônimo de mais calor, o vinho terá um sabor diferente. E pronto."

"Você pode usar sua experiência pessoal com qualquer tipo de fruta, seja um morango, um pêssego, uma maçã ou uma ameixa", continuou. "Há um momento de não amadurecimento e, depois, o amadurecimento. E então há um estágio em que se diz: 'Se eu tivesse usado essa fruta na semana passada, teria ficado muito bom, mas agora ela está mole, madura demais, e não tem mais o mesmo sabor.'"

Ele apanhou a taça. "Este vinho, para muitas pessoas, poderia estar mais maduro", disse. "Mas, em algum momento, estaria maduro demais. Os aromas estão mudando, estão passando do aroma de pimentão para o de tabaco, cedro, uva-do-monte, amora-preta, ameixa, frutas secas. E então, como o pêssego, perderia todo o perfume. Perderia os aromas; na verdade, a cor iria esmaecer. E então todos concordariam que piorou."

"Precisamos nos adaptar", continuou. "Na verdade, talvez o melhor seja dizer que não vamos mais cultivar uvas aqui. É uma possibilidade. Não é o que meu pessoal de marketing gostaria de dizer. Vai acontecer? Talvez. Ainda teremos bons vinhos? Acho que, no curto prazo, sim. No longo prazo, não sei."

Logo que cheguei, Howell levou-me até o terraço atrás da casa. Paramos perto de uma piscina e uma banheira quente atraiu minha atenção. À nossa esquerda, a montanha descia íngreme pelas encostas de bosques. Uma neblina de verão pairava no ar. Através de uma fenda em uma colina azulada, podíamos avistar o reservatório de água da cidade de St. Helena. À nossa direita, os vinhedos aguardavam a colheita. As videiras carregadas de uvas de Howell delineavam contornos na paisagem.

"Belo lugar", disse eu.

"Belo lugar", ele repetiu.

"É como naqueles filmes sobre assassinos em série", disse ele. 'Que belo rosto: pena que vamos ter que arruiná-lo.' É um lindo lugar. Só espero que daqui a 20 anos ainda possamos cultivar flores."

A relação entre clima e cultivo de uvas é confiável o bastante para que os climatologistas começassem a reunir registros históricos das safras para ter uma ideia sobre o clima antes da invenção do termômetro. Parece que a data de início da safra é uma medida confiável sobre as temperaturas de determinado verão. As datas das colheitas na França, estabelecidas por decreto desde a Idade Média, são decididas pelas autoridades locais mais ou menos um mês antes do início da colheita.

Pascal Yiou, climatologista do Laboratoire des Sciences du Climat et de l'Environment em Gif-sur-Yvette, França, começou na Borgonha, escolhendo as regiões francesas vinícolas pela continuidade de seus registros e pelo fato de quase todas as uvas cultivadas ali serem da variedade pinot noir; portanto amadureceriam na mesma velocidade. Ao pesquisarem os arquivos municipais, Yiou e seus colegas historiadores coletaram registros ininterruptos de dados de colheitas que remontam a 1370. Os resultados dos dados sobre as temperaturas combinam muito bem com os registros da era moderna e acompanham as estimativas compiladas de três ciclos na França central. "Podemos ver a entrada na Pequena Era do Gelo e vemos que a temperatura aumenta no final do século XIX", disse Yiou. A representação de seus dados em um gráfico mostra vários verões históricos mais quentes do que os da década de 1990, mas a onda de calor que acometeu a Europa em 2003, um dos verões mais quentes registrados, está muito acima do resto. "A safra de 2003 foi, de longe, a que ocorreu mais cedo no registro, segundo alguns desvios-padrão", disse Yiou. "A colheita foi realizada em meados de agosto. Isso nunca tinha sido visto desde o início dos registros."

Enquanto os cientistas observavam a data prematura da colheita, o setor vinícola francês estava aterrorizado com o que o calor fizera a seu produto. "O ano de 2003 foi o chamado de alerta", disse Jancis Robinson, escritora e colunista do *Financial Times*, especializada em vinhos. A colheita prematura – no calor infernal do verão – fez os vinicultores correrem para retirar as uvas das videiras. Muitos dormiam nas adegas; estava quente demais em suas casas. Alguns alugaram caminhões frigoríficos para esfriar as uvas quando saíam dos vinhedos. "O problema era que as uvas secavam nas videiras", disse Robinson. "Tornavam-se passas. Os níveis de açúcar não acompanhavam o ótimo desenvolvimento constante dos compostos fenólicos e de outras coisas interessantes. Era quase como se tivessem sido pegas no meio do caminho entre o amadurecimento e o ganho de complexidade."

Conversamos no jardim de Robinson, atrás de sua casa, na parte norte de Londres. A mulher tinha cabelos louros e curtos. O aro marrom de seus óculos combinava com a cor das meias e dos sapatos de couro. O vermelho dos lábios era igual ao do vestido. "Se você provar um vinho francês da safra de 2003, verá que ainda tem um sabor bastante razoável atualmente, porque é bem complexo", disse ela. "Mas, no final, pode perceber que não havia bastante sumo na uva. O sabor é ligeiramente seco."

"Acho que eles não têm ingredientes o bastante para torná-los interessantes depois de 10 anos", disse ela. "Tirando os melhores, essa secura se tornará cada vez mais prevalente." Em muitos casos, as melhores safras daquele ano são as de vinhedos menos conhecidos que, historicamente, corriam para colher as uvas. Em um ano normal, seus vinhedos tinham sombra demais, vento demais, frio demais. Em 2003, tiveram exatamente o clima certo. "Naquele verão, o pior foi apanhar todo aquele sol", disse Robinson. "Se conseguíssemos mais dessas safras quentes, começaríamos a procurar mais ativamente esses vinhedos menores."

Além de contribuir para jornais e escrever para sua página na Internet www.jancisrobinson.com, Robinson edita o *World Atlas of Wine*. Ela passara a semana que antecedeu o nosso encontro dando os toques finais em uma nova edição. Muitas das atualizações, disse-me, refletiam os efeitos do aquecimento global. "Existem áreas nos extremos em direção aos polos do mapa mundial dos vinhos em que era preciso se esforçar para amadurecer as uvas", disse ela. "Existem países em que havia apenas um vinicultor maluco, cultivando apenas algumas fileiras de videiras. Atualmente, Bélgica, Polônia e até a Dinamarca têm um setor vinícola nacional. Os vinhos não vão deixar ninguém maravilhado, mas são bons o bastante para comercialização nos restaurantes locais. Antes, a Alemanha não produzia vinhos tintos. Não havia pigmentos suficientes nas cascas das uvas. Elas tinham de ser colhidas muito cedo, antes de o sabor se formar. Agora a segunda variedade de uva mais plantada na Alemanha é a pinot noir. Os habitantes da região da Borgonha sempre se orgulharam de ter um clima bem continental. Houve um tempo em que todos eles saíam de férias em agosto porque sabiam que não haveria colheita antes de setembro. Agora todas as férias são canceladas porque as uvas estão amadurecendo mais rápido."

"Havia então um consenso geral de que o ano de 2003 fora um caso isolado", continuou. "Todos pensavam que jamais voltaria a acontecer. Mas o verão de 2005 também foi muito quente."

Naquele mesmo ano, o oeste americano enfrentou um calor fora do comum. Secas e ventos fortes provocaram incêndios incontroláveis e devastadores no sul da Califórnia. No vinhedo de Howell, acima do Vale do Napa, as temperaturas nunca eram muito elevadas, mas a época da colheita começou mais cedo. Mais além ao norte, o Vale de Willamette, no estado de Oregon, uma região geralmente fria conhecida pela variedade pinot noir, enfrentou o verão mais quente em décadas. Encontrei Harry Peterson-Nedry em um restaurante ao ar livre não muito longe de seus vinhedos, uma propriedade chamada Chehalem, onde cultivava pinot noir. Ele usava uma camisa de mangas curtas listrada de azul e amarelo, calças bege e sapatos mocassins. Tinha cabelos grisalhos. Ex-químico que projetava baterias de magnésio para resistir ao calor do Vietnã, Peterson-Nedry começara a se dedicar ao cultivo de uvas há 27 anos. "É uma das poucas coisas que ligam o lado direito do cérebro com o esquerdo", disse ele. "O vinho reúne o lado hedonista da sensibilidade das coisas e também o lado racional e científico."

Durante o almoço, Peterson-Nedry me mostrou um gráfico no qual havia plotado o acúmulo de calor nas 10 últimas estações. As uvas só amadureciam quando a temperatura atingia mais ou menos 10ºC; assim, ele marcara o tempo que as uvas levaram acima desse limite, uma estimativa aproximada da quantidade de calor útil que haviam acumulado e, portanto, com que rapidez ocorrera seu amadurecimento. Cada ano tinha a forma do perfil de uma montanha: uma ligeira elevação na primavera, uma subida abrupta no verão e uma subida lenta no outono. Como na França, 2003 marcava o ponto mais elevado. E 2006 não ficava muito atrás. Os gráficos também incluíam a média do calor acumulado a cada ano entre 1961 e 1990. "Todos os últimos 10 anos estavam na média ou acima", disse Peterson-Nedry. "A possibilidade de isso ter acontecido por acaso, e não em decorrência da mudança climática, é de duas em mil."

Além de usar os gráficos para monitorar o aquecimento no vale, Peterson-Nedry os utilizou para planejar suas colheitas e plantios. "Em 2006, sabíamos que seria um ano como 2003", disse. "Tivemos uma safra decente que foi definida em junho. Normalmente, colhemos de um terço à metade das uvas, assim temos um amadurecimento uniforme cedo o bastante para evitar as chuvas. Em vez disso, tomamos a decisão de deixar mais frutas nas videiras. Com isso, as videiras tiveram algo a fazer além de amadurecer uma pequena quantidade com mais rapidez, o que faria com que a colheita fosse feita nas épocas mais quentes do ano. Era uma boa estratégia. Mantivemos a acidez e as frutas amadureceram na hora certa."

Para o Vale de Willamette, até então o aquecimento estava sendo benéfico. Talvez antes o clima estivesse frio demais, incapaz de oferecer consistentemente calor suficiente antes de o verão terminar. "Na colheita clássica, no antigo estilo do Oregon, 4 em cada 10 seriam afetadas pela chuva", disse Peterson-Nedry. "A colheita com certeza seria naquele momento e o amadurecimento não iria mais adiante porque estaria chovendo."

Depois do almoço, Peterson-Nedry me levou para um passeio por seus vinhedos. O Vale de Willamette tem um formato levemente abaulado, uma abertura entre a cadeia de montanhas da costa e a curva ascendente das Montanhas Cascades. Seu trecho oeste fica na sombra das montanhas e é varrido pelas brisas do oceano. É mais frio e chuvoso do que o restante. Quando Peterson-Nedry chegou, em 1980, não havia vinhedos a oeste de sua propriedade. Era considerado muito frio para o cultivo de uvas. Pelo mesmo motivo, ninguém plantava acima dos 213m. Não havia como fazer as frutas amadurecerem o suficiente.

Quando chegamos à sua propriedade, Peterson-Nedry parou o carro sobre o gramado ao lado das videiras. "Esta era nossa plantação original desse bloco, as primeiras videiras que plantamos aqui em Ribbon Ridge em 1982", disse. "Você pode ver que elas têm os dosséis perfeitos para as pinot noir. Uma ou duas camadas de folhas. Não são robustas demais, o que é o ideal. Há o bastante para que amadureçam, não mais." Não precisei abrir a janela para dizer que ali estava mais frio do que no Vale do Napa, onde a colheita já começara. As uvas de Peterson-Nedry ainda estavam verdes. "É a altura máxima na qual nos sentimos tentados a plantar, basicamente 152m", disse ele.

Deu a volta e começou a subir a colina. A grama era de um verde pálido, salpicada com pequenas flores brancas. Ele parou o carro em uma subida suave, a cerca de 210m. "Lembro-me do dia em que estava olhando isso aqui junto com um consultor da área vinícola, por volta de 1980, quando compramos este terreno. Acreditávamos que, a partir deste ponto, não se plantava mais nada. Nem pensar. Mas vamos plantar. Além disso, mais significativo do que usar a elevação é que também vamos chegar ao topo e descer pelo lado norte." Atualmente, os vizinhos de Peterson-Nedry plantam, ocasionalmente, a 304m de altura ou mais. Acres e acres de videiras foram plantados a oeste de sua propriedade. "Onde, há 27 anos, era frio demais para se plantar, agora não é mais frio demais para se plantar", disse.

"O que quero dizer é que essas adaptações acontecerão, independentemente de as pessoas saberem o que estão fazendo ou não. "Não acontecem da noite para o dia e não se sabe, necessariamente, qual é a causa. Há apenas uma oportunidade de fazer pequenos ajustes. Acaba sendo diferente do que se faria há 25 anos? Hoje sei quais decisões tomei há 25 anos. E estou levando em consideração fatores diferentes."

Ele contornou a colina de carro. "No curto prazo, o pessoal aqui do Oregon estará sorrindo", disse. "Nove boas safras a cada 10, contra 5 ou 6 em 10. Um pouco mais de calor e estaremos na cidade da fartura. Mas e se tivesse sido o contrário, e se os anos bucólicos em que ficávamos sentados nas cadeiras do jardim esperando as frutas amadurecerem tivessem acabado? Provavelmente estaríamos dizendo que a mudança climática é bastante significativa. Estaríamos alarmados. O fato de passarmos de tempos desafiadores para tempos menos desafiadores nos deixa bastante complacentes. Para que mudar uma coisa que é benéfica no curto prazo? A resposta é que no médio e longo prazos não será assim."

Até então, a mudança climática tem sido, em geral, boa para os apreciadores de vinho ao redor do mundo. Um estudo liderado por Gregory Jones, climatologista na Southern Oregon University e filho de um vinicultor, monitorou o impacto das temperaturas elevadas entre 1950 e 1999. Como medida de qualidade, Jones usou as avaliações da casa de leilões Sotheby's, que classifica os vinhos em uma tabela variável que vai de 100 (perfeito) a 40. As taxas, Jones observou, também refletiam a receita das vendas. Em 1995, por exemplo, um aumento de 10 pontos na avaliação de um vinho do Vale do Napa mais do que triplicou seu preço de venda.

Na maior parte dos casos, as safras melhoraram com o aumento da temperatura. Nas 27 regiões vinícolas analisadas por Jones, as temperaturas haviam aumentado em média 1,25°C, produzindo um aumento correspondente na força dos vinhos; o amadurecimento mais rápido resultou em mais açúcar para a levedura fermentar. No Vale do Napa, por exemplo, as concentrações médias de álcool subiram de 12,5% a 14,8% ao longo dos últimos 30 anos. Na Alsácia, região da França, os níveis de álcool subiram 2,5%. Bem mais surpreendente foi o impacto do aquecimento nas classificações. Com poucas exceções, elas aumentam demais. Em média, um aumento de menos de 1°C na temperatura causava uma alta de 13 pontos nas avaliações. Os grandes vencedores foram os vinhos alemães, com saltos de mais de 20 pontos, e aqueles das regiões mais frias da França.

É claro que o aquecimento global não foi o único fator responsável pela melhora na qualidade do vinho; sem dúvida, o aperfeiçoamento das técnicas e das tecnologias também ajudou. Tampouco a mudança climática era o único motivo pelo qual os vinicultores estavam colhendo as frutas mais maduras. As últimas duas décadas tinham assistido a um movimento amplo do setor em direção a degustações em larga escala em que dezenas de vinhos eram comparadas lado a lado. "Os vinhos com maior teor alcoólico recebem críticas melhores – ponto final", disse Randy Dunn, um vinicultor de Vale do Napa que tenta manter seus níveis de açúcar (e, portanto, de álcool) baixos. "A única maneira de um vinho se destacar entre um grupo de 20 ou mais é ter, talvez, 0,3% a mais de álcool."

O aumento constante nos níveis de álcool também reflete a ascensão de Robert Parker, crítico de vinho de Maryland cujas *newsletters* em estilo rebuscado definem o padrão de grande parte do setor vinícola. Uma nota dada por Parker, que fez um seguro de US$1 milhão para seu paladar para vinhos, pode alavancar ou destruir uma vinícola. Credita-se a Parker a popularização do vinho nos Estados Unidos (quando lhes perguntam qual é sua bebida favorita, a maioria dos americanos cita o vinho, e não a cerveja) e também continua sendo acusado de homogeneizar o gosto pelo vinho. A preferência de Parker pelos vinhos frutados, robustos e pesados caminhou lado a lado com o aquecimento global: os vinicultores, ansiosos por agradar o crítico mais influente do setor, começaram a colher as frutas mais maduras; as temperaturas mais elevadas permitiam que assim o fizessem. "Em termos de estilo, a pinot noir que temos hoje em dia é diferente da pinot noir que cultivávamos há 20 anos", disse Peterson-Nedry. "Menos ácida. Uma fruta grande e carnuda, como uma geleia. O fato de estar mais madura disfarça o sabor picante, parte dos sabores e aromas sutis. Está diferente por causa de Robert Parker? Ou está diferente por causa do que podemos cultivar agora, de até onde podemos deixar a fruta amadurecer?" A resposta pende mais para a segunda opção, disse Gregory Jones: "Não se pode deixar as frutas no pé até atingirem o sabor desejado sem o clima ideal. É preciso colhê-las em algum momento."

A reação contra Parker já começou. Vinicultores como Dunn e Peterson-Nedry lutam pelo retorno dos vinhos mais leves. Se a maré começar a virar, a questão se resumirá a se os vinicultores serão capazes de reduzir a robustez do vinho sem prejudicar sua qualidade. Por terem aumentado o teor de álcool em uma época de temperaturas em elevação, eles podem ter dificuldade de voltar atrás.

KIM NICHOLAS CAHILL ME BUSCOU NA FRENTE DO PRÉDIO DA prefeitura, no centro de Sonoma. Estudante de doutorado da Stanford University, ela dirigia um Toyota Prius cinza com um enorme rack para bicicleta na mala. Nosso destino eram os vinhedos nas

Hunter Farms, nos arredores da cidade onde Kim estudava os efeitos das temperaturas em elevação sobre a qualidade das uvas usadas na produção de vinho. Anoitecia. O sol se punha atrás das videiras. Kim entrou no terreno de cascalho, parou o carro e entramos nos vinhedos. Caminhamos sobre o chão de barro. Estávamos em meados de agosto, ainda era cedo para a colheita. No entanto, as uvas pareciam prontas. Estavam bem escuras, quase pretas. Enrugadas, ligeiramente murchas, pareciam prestes a cair dos galhos. A colheita estava programada para o dia seguinte.

Andamos por uma fileira, parando em um cacho marcado com uma fita cor de rosa. Enquanto Kim arrancava as uvas e as colocava em um saco plástico, tirei uma uva do pé e levei-a à boca. Minha língua foi invadida por uma onda de sabor adocicado. Antes de embarcar neste projeto, Kim fizera parte de uma equipe que usava a temperatura e os registros de chuvas para prever a produtividade das safras. De lá até o uso de modelos climáticos para prever o impacto que o aquecimento global teria na agricultura da Califórnia, houve um pequeno salto. Kim estudara seis safras, e descobriu que as uvas usadas na produção de vinhos eram as mais robustas. Os modelos mostraram que as temperaturas em elevação poderiam devastar a produtividade dos abacates e das uvas de mesa e reduzir a das amêndoas e das nozes. Enquanto isso, as laranjas e as uvas para vinhos teriam menos chance de sofrer grandes quedas na produção.

Entretanto, Kim perguntou-se se estava de fato analisando a situação como um todo. Um vinhedo superaquecido seria capaz de produzir uvas para vinhos, mas pode produzir boas uvas? Na verdade, os vinicultores que produzem ótimos vinhos estão menos interessados na quantidade do que na qualidade. Eles gastam muito mais tempo derrubando cachos, reduzindo a produtividade da safra, na esperança de que as uvas remanescentes sejam melhores. "Em geral, o cultivo de vinhedos, especialmente de uvas da qualidade Premium, não significa maximizar a quantidade da safra", disse Kim. "É tentar otimizar a produtividade da safra e a qualidade do produto, equilibrando-as com o pagamento das contas e a produção de um ótimo vinho. Alguns lugares nem se importam em pagar as contas."

Segui-a pelo vinhedo, esquivando-me das treliças à medida que ela passava de videira em videira. No laboratório, ela analisaria as amostras de substâncias químicas que conferem cor, sabor e complexidade às uvas. Ainda teria de processar todos os dados, mas qualitativamente tinha uma ideia muito boa do que encontraria. Desde meados do século passado, o aquecimento global havia elevado as temperaturas na Califórnia em 0,5°C. Mesmo que reduzíssemos hoje as emissões de dióxido de carbono, calcula-se que a concentração que já está na atmosfera eleve a temperatura em mais 1°C até 2020. O trabalho inicial de Kim revelara que a produtividade das safras começaria a cair se as temperaturas subissem 0,5°C ou mais. O impacto na qualidade quase certamente se faria sentir muito em breve. "Com certeza não seria nada bom se a Califórnia ficasse mais quente", disse Kim. "Não que não tenhamos tempo suficiente para colher as uvas. Na verdade, ocorre justamente o inverso. Ao contrário do velho mundo, no qual muitas vezes as safras mais quentes são as melhores, aqui as safras mais frias costumam ser as melhores."

"A temperatura média anual no Vale do Napa é cerca de 2,5°C mais baixa do que a de Fresno. Eles também cultivam uvas em Fresno", disse ela. Mas 1 tonelada de cabernet do Vale do Napa é vendida por cerca de US$4.200, enquanto 1 tonelada de cabernet de Fresno é vendida por cerca de US$250. A discrepância é imensa ali, e muito disso se deve ao clima."

O impacto do aquecimento global no setor vinícola será sentido pelo produtor e, depois, pelos apreciadores de vinho. Já existe uma grande variação nas safras atuais. A princípio, as pequenas mudanças só serão identificadas pelos aficionados, que talvez percebam que seus vinhos preferidos estão dando lugar para o que consideravam marcas menores. O comprador casual, diante de várias garrafas na prateleira, talvez não se importe com o fato de algumas marcas se tornarem mais audazes ou mais robustas, ou de uma marca especial de vinho de mesa ter passado para outra categoria.

Enquanto isso, porém, os vinhedos estarão lutando para se adaptar. Para aqueles que antes se esforçavam para amadurecer suas uvas, o aumento da temperatura será uma bênção. Mas serão minoria. A maioria das regiões produtoras de vinho estava plantando antes de o mundo começar a esquentar e as bem-sucedidas foram escolhidas porque produziam os melhores vinhos possíveis. Quando comparou a produtividade anual de uma região produtora de vinho com seus dados anuais sobre o clima, Gregory Jones identificou as melhores temperaturas para as uvas naquela região. Na maior parte do período de seu estudo, as áreas que havia observado estavam ligeiramente mais frias do que o ideal. Na década de 1990, no entanto, a mudança climática havia levado a temperatura a um ponto ideal, ou quase. À medida que o mundo continuar a esquentar, concluiu Jones, os vinicultores ao redor do mundo provavelmente começarão a descobrir que as uvas estão amadurecendo rápido demais. Os modelos climáticos preveem que a temperatura das áreas que ele estava estudando aumentaria em média pelo menos mais 1°C até 2049. Os vinicultores que não tentarem se adaptar podem esperar queda significativa na produtividade das colheitas.

No início, os vinicultores experimentarão diferentes formas de prender as videiras nas treliças. Alguns tentarão usar coberturas de pano ou aumentarão a irrigação nos dias mais quentes. As vinícolas que antes usavam máquinas para concentrar os vinhos e compensar as safras mais secas passarão a considerar o uso da tecnologia para reduzir os níveis de álcool. Outros começarão a plantar em áreas que antes consideravam frias demais. "As pessoas vão se aventurar muito mais", disse Peterson-Nedry. "Subirão pelas colinas do norte. Sairão do vale e entrarão na Coast Range, mais fria."

Em muitos casos, essas mudanças ocorrerão naturalmente, independentemente de o vinicultor saber ou não que está reagindo ao aquecimento global. A produção de vinho é uma arte iterativa. Os vinicultores têm apenas poucas oportunidades de produzir um vinho perfeito durante toda a vida, portanto os melhores estão constantemente experimentando novas técnicas, novas variedades e novas partes de terra de sua propriedade.

Mas a adaptação tem seus limites. Na parte baixa do vale, abaixo da Cain Vineyard, as videiras já estão no estilo California sprawl. As partes superiores são cerradas. Os cachos de uva estão a meio caminho das videiras mais altas. Não se pode fazer mais nada a respeito da disposição das videiras. Nas vinícolas, os produtores de vinho já começaram a experimentar. "Exatamente como no resto do mundo, grande parte dos vinhos da Califórnia atuais foram manipulados", disse Jones. "Foram acidificados, pois as uvas foram colhidas tarde demais. Removeu-se o álcool ou acrescentou-se água. A questão é a seguinte: Há limite para esse tipo de processo? Se você tem um vinho com 16% de álcool e o reduz para 14%, o envelhecimento será o mesmo? Os sabores se desenvolverão do mesmo modo?"

À medida que as temperaturas subirem, as opções ficarão mais restritas. Já em 1944, os cientistas na University of California, em Davis, dividiram as terras agrícolas do estado em cinco regiões climáticas. Para cada uma, designaram um diferente conjunto de variedades de uva, dependendo da quantidade de quanto calor que recebiam. A Região I, a mais fria, era compatível com o cultivo das variedades que amadureciam mais rapidamente: chardonnay e pinot noir. A Região II era um pouco mais quente, também capaz de amadurecer a merlot e a cabernet sauvignon. A Região III era adequada à zinfandel. A Região IV era melhor para os vinhos do estilo porto e a Região V era análoga à África do Norte, adequada apenas a uvas que necessitam de muito calor.

Com a mudança climática, essas zonas começaram a mudar. As pesquisas de Jones descobriram que um aumento equivalente a 3,5ºF na temperatura seria o bastante para tornar uma região inadequada ao cultivo de uvas com as quais estava acostumada. Um vinhedo que cultiva a pinot noir poderia se tornar, de uma hora para a outra, mais bem adequado à produção da sauvignon blanc. Um vinicultor que estivesse investindo na chardonnay poderia descobrir que teria mais sorte com a uva syrah. Outro que plantasse a uva zinfandel pode concluir que sua terra é boa apenas para uva-passa.

Jones previu que, dentro de 50 anos, os melhores lugares para os famosos vinhos Chianti da Toscana será a Alemanha. As melhores terras para a produção de champanhe e para os vinhos Bordeaux serão ao sul da Inglaterra, onde já está ocorrendo um renascimento. O país produz pelo menos um vinho espumante de qualidade, o Nyetimber, fabricado ao sul de Londres. Atualmente, talvez a Inglaterra tenha mais terras adequadas ao cultivo de uvas do que tinha durante seus últimos dias de apogeu, no século XII, durante o Período Medieval Quente.

Nos Estados Unidos, os vinicultores abandonarão os climas mais quentes, explorando as terras altas e os estados do norte em busca de novos lugares para plantar suas videiras. Haverá vencedores e perdedores. É provável que a Califórnia sofra. O Oregon será beneficiado, pelo menos no início. Mesmo os vinicultores que tiverem sorte o bastante para se transferir para regiões com o mesmo clima de suas antigas propriedades terão de mudar, à medida que descobrirem que seu produto está mudando; o solo será diferente. Em um setor em que é tudo menos centralizado, essas mudanças não acontecerão por decreto. Serão graduais, à medida que os próprios vinicultores se estabelecerem em locais antes considerados marginais que, de repente, parecem atraentes, e abandonarem as terras que utilizavam antes.

Finalmente, o impacto do aquecimento global será forte o bastante para se fazer sentir nas adegas. A mudança climática tornará o clima menos previsível e sujeito a maiores oscilações. Os vinicultores preparados para um verão sufocante podem ter de enfrentar alguns anos inesperadamente frios. As variações de um dia para o outro prejudicarão a colheita. Séries de dias quentes demais afetarão as videiras. O florescimento prematuro tornará as videiras vulneráveis a congelamentos repentinos. Uma tempestade de granizo no final do verão poderia devastar uma safra promissora.

Em outro estudo, Jones reuniu-se a alguns colegas para prever o impacto do próximo aquecimento do século no setor vinícola dos Estados Unidos. Levando em consideração todos os lugares em que as uvas premium poderiam ser cultivadas (como áreas como o cinturão do milho, em Iowa), Jones concluiu que as terras adequadas à produção de uvas premium poderiam encolher em 81%. A Califórnia seria especialmente devastada. O estado produz 90% das uvas utilizadas na produção de vinho do país. É o quarto maior produtor mundial de vinho, depois da França, Itália e Espanha, com vendas globais de mais de US$18 bilhões. A elevação das temperaturas poderia inviabilizar o cultivo de uvas de qualidade.

Como a qualidade das uvas que se transformam em um ótimo vinho depende tanto do clima, as uvas provavelmente serão precursoras de um setor agrícola que se moverá cada vez mais para o norte e para o alto das colinas. Os agricultores no Reino Unido começaram a plantar oliveiras, incluindo um pomar na costa norte do País de Gales, e afirmam estar se programando para a ocasião em que clima a oeste de Liverpool ficar parecido com o do sul da França. Em Londres, os jardineiros começaram a plantar abacateiros. Enquanto isso, nos Estados Unidos, o centro de gravidade do setor de xarope de bordo deixou de ser Nova York e Vermont e migrou para o Canadá.

No entanto, embora algumas regiões felizmente sejam capazes de produzir novas safras, de um modo geral, a probabilidade de os impactos serem negativos é maior. As zonas agrícolas mudarão de regiões estabelecidas para zonas onde os setores não são tão bem estruturados. Enquanto isso, a crescente variabilidade e os extremos mais severos aumentarão a pressão. No caso da maioria das safras, a mudança mais importante não será um simples aumento na temperatura, mas sim o fato de ela ultrapassar os limiares previstos. Assim como as uvas amadurecem apenas quando o calor excede certo nível, outras plantas talvez não liberem seu pólen se o clima esquentar demais.

Enquanto isso, as temperaturas de inverno talvez não caiam o suficiente para matar pestes e parasitas. A cigarrinha (*Homalodisca vitripennis*), um inseto de pouco mais de 1cm de comprimento, é o principal vetor do mal-de-pierce, doença causada pela bactéria *Xylella fastidiosa* que pode devastar um vinhedo. Antes endêmica apenas no Texas e no sudeste dos Estados Unidos, à medida que o tempo vai esquentando o inseto abre caminho até a Califórnia. "Os lugares habitáveis para muitos insetos e ervas daninhas é definido pelo frio do inverno, e essa zona está mudando", disse David Wolfe, professor de ecologia vegetal da Cornell University.

A escassez de água será outro desafio. À medida que o degelo prejudicar o abastecimento de água, os agricultores se verão competindo com cidades e vilas por água. Na Austrália, uma longa seca causou alvoroço no setor vinícola. Quando incêndios descontrolados atingiram os parques nacionais do país em 2003 e 2004, os vinicultores temeram por suas safras. As chamas não atingiram os vinhedos, mas as uvas passaram semanas sob um céu enfumaçado. Os consumidores das safras desses anos relataram haver detectado um sabor de poeira e o cheiro de grama queimada.

Depois das uvas usadas para a produção do vinho, o primeiro produto agrícola a sentir os efeitos da mudança climática serão as safras de frutas e de hortaliças. "Para alimentos como tomates, uvas ou maçãs, um único dia ruim de calor excessivo pode dar origem a uma fruta deformada", disse Wolfe. "O agricultor acaba com uma tonelada de frutas invendáveis. Uma safra como a do trigo é mais tolerante a pequenas mudanças no clima até certo ponto, porque o foco está apenas na tonelagem total." Ainda assim, nos países que dependem da chuva para obter água, mudanças na precipitação poderiam devastar as colheitas necessárias para alimentar a população. Pesquisadores de Stanford preveem que o sul da África poderia perder mais de 30% da rentabilidade da colheita do milho até 2030. O sul da Ásia poderia ver suas safras de arroz, milho miúdo e milho – que constituem a base da alimentação da região – reduzida em 10%. "Hoje não podemos mais usar a análise de uma série histórica do clima de uma região como base para decidir o que plantar", anunciou Wolfe.

No caminho do Vale do Napa para o Vale de Willamette, pernoitei em Elkton, onde Terry e Sue Brandborg administram uma vinícola desde 2002. Elkton é uma pequena cidade no Vale do Umpqua, oeste de Oregon. Uma cidade minúscula, Elkton se orgulha de ter uma padaria bem sortida e uma loja de conveniência administrada localmente onde uma xícara de café ainda custa US$0,25. A Brandborg Winery é um grande bloco com laterais de metal, localizada entre o correio e a empresa de telefonia da cidade. Além do local de produção de vinhos, em si, há uma grande sala de degustação que se transforma em centro para música ao vivo da cidade, e um quarto de hóspedes no segundo andar, onde eu passaria a noite.

 Parei no estacionamento no final da tarde. Terry pilotava uma pequena empilhadeira amarela, carregando caixas de vinho na traseira de uma camionete. No dia seguinte, Sue as entregaria. Os Brandborg me convidaram para jantar, por isso eu e Terry nos dirigimos à residência do casal. No caminho, uma viagem de quase 10km, passamos por campos de grama dourada. Uma leve neblina pairava sobre florestas escuras envoltas em azul. No banco do passageiro, a meu lado, Terry cheirava a vinho fresco e madeira crua. Os Brandborg chegaram ao Vale do Umpqua em 2001, atraídos pelos relatos de que o tempo era ideal para a pinot noir. "Fiquei animado, esse era o clima que estávamos procurando", disse Terry. "Duas semanas depois, voltamos e descobrimos o pedaço de terra para onde estamos nos dirigindo agora." Saímos do asfalto e entramos em uma estrada íngreme de cascalho. Codornas faziam incursões na estrada. "Gosto da luz do anoitecer", disse Terry.

 A casa dos Brandborg fica entre seus vinhedos, no alto de uma colina a cerca de 305m acima da base do vale. A mesa de jantar é cercada por duas grandes janelas que permitem aproveitar a vista. As nuvens, iluminadas por baixo pelo sol que se punha, ondulavam sobre a paisagem escurecida. Grandes pássaros pretos circulavam lentamente acima de nós.

 "Terry e eu ainda não acreditamos que encontramos este lugar", disse Sue.

 "É", continuou Terry. "Sue e eu procuramos por toda a Califórnia durante vários anos e, sinceramente, estava impossível pagar o preço do mercado da época. E então descobri o clima em Elkton e viemos dar uma olhada."

 Terry usava uma camisa cinza de mangas curtas. Tinha um torso largo e se movia lentamente enquanto cozinhava. Sue tinha cabelos ruivos e traços finos. Usava uma blusa branca com bolas cor de vinho. Os dois se conheceram em uma degustação em Jackson Hole, Wyoming. Terry já produzia pinot noir há vários anos, mas comprava as uvas, em vez de cultivá-las. Sue provara seu vinho dois anos antes de conhecê-lo. Foi a primeira taça de vinho tinto que provara na vida.

Agora Terry se concentrava na vinícola, enquanto Sue cuidava principalmente das videiras.

"Eu as amo", disse ela. "São como minhas filhas, todas as 4.700."

"Ela deu um nome a cada uma delas", disse Terry.

"Elas são especiais, é como se fossem pessoas", disse ela. "As pessoas pensam que sou louca, mas é verdade. Não existem duas iguais."

"Existe outra safra mais meticulosamente cuidada?", perguntou Terry.

Durante o jantar, bebemos o vinho Brandborg, um syrah, um dos primeiros que Terry produziu em Elkton. Era um vinho forte, robusto e encorpado.

Os vinhedos dos Brandborg, no alto da montanha, e refrescados pela brisa do oceano, são quentes o suficiente para amadurecer a pinot noir. Terry levara em conta a mudança climática quando decidiu comprar a terra. "Eu sabia que queria estar em um vale na costa", disse ele. "E sabia que queria estar no ponto exato para que as uvas pudessem amadurecer." Em 2003, quando Peterson-Nedry e os vinicultores do Vale de Willamette lutavam para manter baixos os níveis de álcool, os Brandborg produziam vinhos premiados no país.

Terry e Sue têm todos os problemas de uma nova propriedade: dependem dos investidores e dos bancos, enfrentam desafios para colocar sua marca no mercado, e são obrigados a fazer escolhas considerando o fluxo de caixa, sem poder pensar no longo prazo. Mas pelo menos nos próximos anos, enquanto outros vinicultores estão começando a perceber o que poderia ser um desastre, os Brandborg serão capazes de se preocupar com outras coisas além do aquecimento global.

"Como nossa vinícola está a quase 10km de distância, gostaríamos de colocar uma roda-gigante aqui em cima", disse Terry. "Teríamos uma forma de transportar as pessoas até aqui – nossa caminhonete Studebaker 51, que está lá no celeiro, precisando de conserto. Poderíamos trazer as pessoas até o vinhedo, oferecer-lhes uma taça de vinho e convidá-las a darem uma volta na roda-gigante. E lá do alto elas poderiam muito bem avistar o oceano de um lado e aquele cume do outro. É uma vista espetacular."

"Algum dia alguém dirá: 'Tenho uma roda-gigante, vou doar para vocês.' Estou contando com isso."

"Veremos", disse Terry. "Temos outras coisas para fazer com nosso dinheiro até lá, como plantar mais 45 a 50 acres."

"Sonhar não faz mal...", disse Sue.

O sol tinha se posto. A noite transformara as janelas em espelhos. O vinho acabara.

"É", disse Terry. "Sonhar não faz mal."

6

"TUDO SE ATRASA EM CHURCHILL"
O ÁRTICO, O DERRETIMENTO DO GELO E
A NOVA POSSE DE TERRAS

Não há estradas para Churchill, Manitoba. Os visitantes e as mercadorias chegam por ar, trem ou mar. Se o caminhão de um morador quebrar, tem de ser colocado em um vagão de cargas e transportado até a concessionária. A cidade pode estar abaixo do Círculo Ártico, mas sua paisagem é bem típica do norte. O céu de verão tem um azul desbotado. O solo é baixo e rochoso, colinas de rocha depositada ao longo dos anos. O vento sopra vindo do norte, levantando a poeira nas ruas e espalhando um frio que nem mesmo o sol do verão consegue dispersar.

Construída sobre uma ponta de granito entre o Rio Churchill e a Baía de Hudson, a cidade é o único porto do Canadá no Oceano Ártico. No verão, é cercada de água. No inverno, de gelo. "A cidade em si é um choque para o recém-chegado", escreveram Angus e Bernice MacIver em *Churchill on Hudson Bay*, que conta a história da cidade. "Parece cinzenta. Mas depois vem a constatação de que isso acontece porque é construída sobre cascalho e as poucas gramas e plantas que crescem em torno de algumas casas resultam de um trabalho árduo e esmerado." Com a exceção do aeroporto e de uma estação de pesquisa, a comunidade inteira – várias pequenas casas dispersas em torno de um grupo de hotéis – fica perto da estação de trem. Embora não haja lugar que possa ser alcançado a pé, andarilhos são advertidos de que devem ficar atentos aos ursos polares e prestar atenção na sirene que sinaliza a aproximação de um desses carnívoros gigantes.

Por uma questão de geografia, Churchill pode ser o melhor lugar no mundo para se encontrarem esses grandes animais brancos. A própria comunidade se autodenomina a "Capital Mundial do Urso Polar" e, na verdade, durante algumas épocas do ano, a população de ursos pode superar a dos 920 habitantes da cidade. Ao longo dos anos, os ursos aprenderam que a água fresca no rio é a primeira a congelar, que as correntes da baía comprimem o gelo contra a costa rochosa e que as águas são ricas em focas. A alta estação do urso polar tem início no final do outono, após a chegada da neve, quando os guias turísticos de Churchill ligam os jipes próprios para tundra, veículos enormes para transportar madeira com rodas do tamanho de tratores. Durante essas semanas, os ursos estão magros e famintos. Passaram o verão hibernando, vagando pela tundra em busca de frutas, algas, turfas e os ocasionais gansos preguiçosos. Eles se reúnem na costa, esperando que o gelo se forme para começar a caçada.

Mas Churchill está mudando. O gelo na baía está se formando mais tarde e se desfazendo mais cedo. Os ursos estão diminuindo. Nos últimos 10 anos, o aquecimento global aumentou em quase três semanas a estação sem gelo e a população de ursos polares ao redor da cidade diminuiu de cerca de 1.200 animais para algo em torno de 940. "Um urso polar perde 1kg de peso corporal a cada dia que deixa de se alimentar", disse Robert Buchanan, presidente da Polar Bears International, um grupo conservacionista. "Não é por semana, não. É por dia. Essas três semanas representam 21kg. Se for um macho grande, consegue sobreviver. Se for um filhote, não consegue. Se for um urso que ainda não chegou à idade adulta, também não. Ficam fracos e pouco ágeis."

As fêmeas dos ursos polares param de reproduzir quando seu peso fica abaixo de 200kg. "Há 23 anos, quando fui lá pela primeira vez, víamos uma entre cada sete mães com três filhotes", disse Buchanan. "Não vejo uma mãe com três filhotes há uns cinco anos, e olhe que vou sempre lá. Atualmente, o que vemos é uma fêmea com dois filhotes. E os dois são muito, muito pequenos, pois ela não consegue alimentá-los o suficiente. Ela mesma não está conseguindo comida suficiente." Os cientistas calculam que, até 2050, dois terços da população de usos polares terão desaparecido em função do aquecimento global. Os de Churchill estarão entre os primeiros a desaparecer. "Os ursos polares precisam de gelo", disse Buchanan. "Sem gelo, eles não podem caçar, se reproduzir e, na maioria dos lugares, não encontram abrigo. Quando isso ocorrer, eles simplesmente vão desaparecer."

A mudança climática é especialmente visível no norte, onde alguns graus de temperatura podem mudar a paisagem do sólido para o líquido. As temperaturas do ar na superfície no Ártico subiram mais ou menos o dobro da média global. A cobertura de gelo no topo do mundo também está diminuindo. Longe da costa, o impacto é óbvio – o gelo está desaparecendo –, mas a mudança climática se faz sentir por toda parte. Ao norte de Manitoba, de uma hora para a outra, as comunidades se veem sem recursos quando as estradas de inverno que atravessam os lagos cobertos de gelo são interrompidas pelo degelo o ano inteiro. Estradas, casas, oleodutos e pistas de aeroportos se rompem à medida que os solos, antes permanentemente congelados, derretem, afundam e escorregam.

 Os trilhos do trem que ligam Winnipeg a Churchill cobrem quase 1.150km, ligando a extremidade do cinturão de grãos do Canadá ao porto do Oceano Ártico. A viagem deve levar 36 horas, um declive suave pela espantosa floresta boreal. Embarquei no trem à noite, logo depois das 20h, e me enfiei na cabine para dormir. Acordei com céus nublados, um espesso teto acinzentado. Árvores baixas, de crescimento irregular, estavam dispostas em ziguezague no horizonte. Água derivada do degelo brilhava nas valas ao lado dos trilhos.

 A vista permaneceu inalterada naquele dia e no seguinte. As árvores afinavam, depois engrossavam, para depois afinar novamente. A água empoçava e se retraía, empoçava e se retraía. A manutenção nos trilhos fora improvisada, incapaz de acompanhar as consequências do degelo da primavera. Dois trens de carga haviam descarrilado recentemente e o governo reduzira o limite de velocidade. Com a prioridade dada aos trens para o transporte de grãos, passamos vários trechos em desvios nos trilhos laterais. Quando nos movimentávamos, era muito devagar – balançando lentamente para o norte, como um barco em águas calmas. Chegamos a nosso destino com 12 horas de atraso.

Eu tinha um compromisso cedo na manhã seguinte para visitar o administrador do porto, um homem chamado Lyle Fetterly. O porto não era longe de meu hotel, uma caminhada por um curto trecho de cascalho e alcatrão, por uma série de trilhos de trem salpicados com grãos derramados. Cheguei às 7h:30, exatamente na hora marcada para nosso encontro. As portas do escritório estavam fechadas e as luzes, apagadas. Nem o ar nem o céu mostravam qualquer sinal de aquecimento. O sujo estacionamento era duro sob nossos pés. Poças de água marrom tremulavam ao vento. As nuvens estavam baixas, cinzentas, como gelo do refrigerador.

A maré estava longe. Barcos de pesca surgiam do final das docas. Dois navios de transporte de grãos, de longos cascos escuros, esperavam pelo dia do carregamento. Na praia, o porto estava dominado pelo elevador de grãos, um enorme bloco de concreto flanqueado por bancos de colossais silos de grãos. As janelas, as que não estavam quebradas, estavam cheias de poeira. Remendos de cimento cinza-escuros serpenteavam pela fachada aparentemente rígida, como se Paul Klee tivesse desfigurado um Mondrian. Uma saída de emergência de cor vermelho-ferrugem ziguezagueava no caminho em direção ao alto; alguns trabalhadores, que haviam chegado cedo, usavam a plataforma mais alta para fumar seu cigarro matinal.

O escritório da administração ficava em um pequeno edifício nas sombras entre o elevador e os silos. Os funcionários do porto chegavam sozinhos ou em duplas, de bicicleta ou em caminhões. Quando a secretária de Fetterly chegou, um pouco depois das 8h, abriu o escritório e me deixou entrar. Portas de vidro se abriam para um pequeno saguão e para outro conjunto de portas de vidro. O chão acarpetado estava marcado pela poeira dos grãos. Em um cartaz na parede, um urso polar segurava um ramo de trigo entre os dentes, com a legenda: "Trigo canadense – que gostoso!"

A secretária de Fetterly ficou surpresa ao saber que eu tinha hora marcada com seu chefe e, depois de ligar para o patrão duas vezes e descobrir que ele não estava atendendo, fez uma terceira ligação para pedir a alguém para passar por sua casa e apanhá-lo. Quando ninguém aceitou, pegou ela mesma as chaves do carro.

"Tudo é atrasado em Churchill", disse outra secretária. "É como se a cidade tivesse fuso horário próprio."

Fundada em 1717 pela Hudson's Bay Company, a empresa semiestatal que colonizou a maior parte do Canadá, Churchill teve toda a sua história alternando entre indústria falida e oportunidade perdida. Geográfica e economicamente isolada, a cidade jamais conseguiu encontrar um motivo para sua existência. Sempre foi distante demais, marginal demais, gelada demais, sonolenta demais.

Como entreposto comercial esporadicamente bem-sucedido em uma região rica em peles e cobre, a cidade foi importante o bastante para ser defendida com um forte de pedra, mas não importante o bastante para que lutassem por ela. Quando os franceses a atacaram em 1782, a guarnição militar se rendeu sem dar um tiro sequer. De volta ao controle inglês depois do Tratado de Paris, a cidade viu o primeiro aumento da atividade econômica nos últimos anos do século XIX, quando os habitantes passaram os verões caçando baleias beluga. No auge da estação, estavam matando baleias suficientes para alimentar duas refinarias e exportando mais de 30t de óleo de baleia por ano – até que a concorrência americana os tirou do mercado.

Em 1927, Churchill teve outro período bem-sucedido quando o governo canadense declarou que o porto de águas profundas da cidade serviria como estação terminal para a estrada de ferro de Winnipeg. Foi um momento de transformação. A cidade sempre fora mais um local de trabalho do que uma comunidade. A população europeia era quase inteiramente masculina. As tribos locais – Cree Chipewyan e Inuit – que abasteciam os comerciantes iam e vinham. As que permaneciam por perto raramente viviam dentro da cidade de Churchill em si.

A cidade, que fica do outro lado do rio – onde o trem chegaria –, foi desmontada – casas, igrejas, lojas – e transportada por trenós através da água gelada. Enquanto isso, milhares de toneladas de cimento e aço foram trazidas para a construção, puxadas sobre a baía gelada no final do inverno. "Tratores foram usados e os homens abriam seu caminho lutando contra temperaturas de até 40 graus abaixo de zero, ventos de proporções de furacões e uma neve tão profunda que, às vezes, as máquinas andavam a menos de 1,6km/h", escreveu MacIvers. "Em um lugar, foi necessário abrir um túnel pelos montes de neve. Quando os motoristas paravam durante a noite, um homem ficava encarregado de ligar os motores de hora em hora ou de duas em duas horas, dependendo de quão baixa estivesse a temperatura."

Churchill foi aberta aos colonizadores. Construiu-se a prefeitura. E depois uma escola. Trilhos foram colocados. Silos foram erguidos. Os caminhões para o transporte de grãos circulavam. Mas o porto nunca deslanchou. Churchill era longe demais e a estação do degelo era curta demais: durava apenas alguns meses. A cidade continuou sendo um lugar sazonal, esvaziando-se quase completamente durante os meses mais escuros. Quando veio a Segunda Guerra Mundial e o comércio marítimo foi totalmente interrompido, ninguém sentiu falta. Os 20 anos seguintes foram os mais prósperos da cidade, pois o local hospedou primeiro uma base militar americana e depois um posto de pesquisas espaciais, operado em turnos pelos governos americanos e canadenses. Quando o exército canadense finalmente se retirou, em 1964, a cidade retomou a volta à obscuridade. Os grãos chegavam novamente, em pequenas quantidades, mas nunca em quantidade suficiente para fazer muito mais além de manter o porto. O turismo animava um pouco os períodos inativos, mas a população permanente de Churchill continuou a encolher.

Foi então que, em 1997, o governo canadense vendeu o porto e a ferrovia para a OmniTRAX, uma empresa de transporte americana, com sede em Denver, Colorado. Para os políticos de Ottawa, era a oportunidade para privatizar algumas de suas infraestruturas mais decadentes. Para a empresa, era uma chance de levantar um ativo que imaginava ter potencial. De acordo com a *Forbes*, os trilhos custaram à empresa US$11 milhões. O porto foi adquirido por apenas US$7 a mais e a promessa de modernização. Com um pouco de sorte e muito trabalho, um dia o investimento seria compensado. Ninguém pensou muito no assunto – até o gelo começar a derreter.

Fetterly chegou pouco antes das 10h, explicando que ficara preso por causa de um telefonema de seu advogado. Era um homem jovem, relativamente baixo, que usava um pulôver preto de algodão, com o discurso de faculdade de administração. Seus grossos cabelos escuros eram cortados bem rentes nas laterais e ligeiramente mais longos no alto da cabeça. Suas costeletas chegavam até a altura da mandíbula. Da janela de seu escritório, avistavam-se os navios e as galerias de grãos através das quais o trigo era levado por longas esteiras transportadoras. Colocou-se atrás de sua mesa, convidando-me a me sentar diante dele; quando eu lhe disse que estava interessado em saber como a mudança climática estava afetando seu negócio (imaginei que seria de maneira benéfica), ele abaixou a cabeça e refletiu um pouco.
"É uma questão delicada", disse. "O aquecimento global será bom para o Porto de Churchill? É, tem o potencial de ser bom." As autoridades do porto vinham mantendo registros da profundidade do gelo na nascente do rio desde a década de 1930 e Fetterly observara declínios significativos. "Se havia 2m há 50 anos, no auge do inverno, em janeiro, hoje talvez haja 1,5m", disse. O aquecimento global estendera em mais ou menos duas semanas a estação do comércio marítimo. Atualmente, as águas são navegáveis por mais ou menos quatro meses do ano. O que era um desastre para os ursos polares da cidade do Ártico tinha o potencial de transformar seu porto.
Churchill desfruta de várias vantagens sobre a concorrência. O porto tem capacidade de receber navios do oceano sem qualquer dos impedimentos ou águas rasas das rotas que passam pelos Grandes Lagos. Os navios podem atracar, carregar e seguir viagem sem jamais deixar as águas profundas. As distâncias também são mais curtas. Os navios fazem um pequeno desvio ao largo da Baía de Hudson, cruzam o Oceano Atlântico logo abaixo da

Groenlândia e reduzem em muitas milhas a viagem até a Europa. Comparado com o porto da Baía de Thunder, na costa de Ontário, em Lake Superior, a distância de Churchill até Liverpool é quase um quarto menor. A distância que os navios percorrem de Churchill até Oslo fica um terço menor.

No entanto, nada disso foi suficiente para compensar o gelo. As águas geladas não bloqueiam apenas os navios. Uma estação mais curta significa menos dinheiro para a infraestrutura – as instalações necessárias para aumentar o volume do fluxo de grãos, para lidar com os *containers* ou com o petróleo. Um dólar de investimento no funcionamento anual de um porto gera retorno durante 12 meses do ano. Em Churchill, esse dólar funciona apenas nos meses de verão. Cada dia a mais sem gelo significa mais volume, mais dinheiro, maior interesse dos expedidores e melhor retorno sobre os investimentos. "Isso significa que o Porto de Churchill deseja que o aquecimento global aconteça?", perguntou Fetterly. "Não. Claro que não. Ninguém quer. Mas podemos adivinhar qual será o resultado. Seria nossa responsabilidade utilizar essa nova realidade? Seria burrice não fazê-lo."

Desde que a OmniTRAX fez a compra, a mudança climática estendeu em duas semanas a estação de expedição. O valor da infraestrutura do porto – em relação à sua capacidade – aumentou quase 15%. Naquele verão, o porto embarcaria 621 toneladas métricas de grãos, a maior quantidade que o porto viu em 30 anos. Esperava-se que os volumes do ano seguinte excedessem um milhão de toneladas métricas. E as notícias estavam se espalhando. Churchill também recebeu sua primeira entrega nacional – uma carga de trigo de Durham que foi enviada para Halifax – e seu primeiro lote interno de fertilizante russo, embarcado de Murmansk. "O Porto de Churchill pode realizar uma quantidade de negócios limitada por dia, seja embarcando grãos, recebendo grãos, transportando a carga ou importando a carga", disse Fetterly. "O que o aquecimento global fará com Churchill? Significa que temos espaço para crescer."

Os primeiros europeus a entrar no Rio Churchill, um grupo de 65 exploradores dinamarqueses em busca de abrigo contra uma tempestade de outono, chegaram em setembro de 1619. A expedição era liderada por Jens Munck, um dos mais altos oficiais da Marinha dinamarquesa-norueguesa. Liderando dois navios, fora encarregado de encontrar a Passagem Noroeste, o santo graal da exploração do Ártico. Os marinheiros vinham procurando um atalho para o Japão e para a China pelos estreitos do Ártico desde 1497, quando o explorador veneziano John Cabot confundiu a costa leste do continente norte-americano com o litoral da Ásia. Quando os dinamarqueses chegaram ao rio, a Bacia de Hudson parecia o lugar mais provável para se encontrar a rota desejada.

A tempestade durou quatro dias e, quando terminou, Munck decidiu ficar ali até a primavera. O rio servia como um grande porto natural. Parecia mais seguro arriscar meses no gelo do que tentar voltar tão tarde na estação. Mas o inverno no Novo Mundo provou ser mais rigoroso do que tudo que Munck já testemunhara antes. A carne fresca era escassa e sua tripulação logo adoeceu. Dois homens estavam mortos antes do Natal – entre eles, um dos cirurgiões do navio. Em janeiro, o pastor e o outro cirurgião estavam fracos demais para sair da cama. "A doença que nos atingira era rara e extraordinária, com os sintomas bem peculiares", escreveu Munck em seus diários. "Os membros e as articulações estão rígidos e a pessoa sente fortes dores nas costas, como se milhares de facas fossem atiradas ali. Ao mesmo tempo, a pele do corpo ficou descolorida e perdeu-se totalmente a força nos membros."

Os homens de Munck sucumbiram um após o outro. Com o solo congelado, os sobreviventes, enfraquecidos, descobriram que era impossível enterrar os mortos. Em abril, Munck estava sozinho, cercado por cadáveres e fraco demais para andar. Esforçou-se para sair da cabine e seguir até as margens do rio, onde ficou surpreso ao encontrar dois outros membros de sua tripulação. "Os três viveram na praia sob um arbusto diante do qual conseguiram manter uma fogueira acesa por boa parte do tempo", escreveram os McIvers. "Quando surgiu a vegetação, os homens se arrastavam até cada planta que mostrava um pouco de verde, arrancavam-na e sugavam a raiz: suas gengivas estavam tão doloridas e os dentes tão frouxos que era impossível mastigar." A chegada da primavera liberou as águas e eles puderam começar a pescar. Os pássaros retornaram do sul. Munck e seus dois companheiros eram os únicos sobreviventes da expedição. Conseguiram, não se sabe como, levar o navio menor de volta ao rio e navegaram de volta para a Europa.

Os esforços físicos e mentais de Munck são típicos de uma história de exploração em que os protagonistas arriscavam regularmente a vida. O Ártico é um dos lugares mais inóspitos da face da Terra, um deserto gelado em que até o processo de decomposição é excessivamente lento. Os homens que navegavam em navios por suas águas gélidas em busca da Passagem Noroeste o faziam por motivos que variavam de comerciais à pura audácia. Em 1611, quando uma tripulação amotinada lançou Henry Hudson ao mar em um pequeno barco com o filho adolescente e sete tripulantes leais, imaginava-se que a Passagem Noroeste era uma rota para a riqueza. Quando John Franklin e os 128 membros de sua expedição congelaram até a morte no Ártico canadense em 1845, a busca pela passagem se transformara em uma busca pela glória e pelo conhecimento científico. O que não mudou foi o gelo e o perigo.

"O frio causava ulceração e amputação, dores de cabeça que levavam ao entorpecimento e estupor às tripulações dos navios durante o inverno", escreveu Barry Lopez em *Artic Dreams*. "Nenhum tipo de roupa ou de abrigo podia mantê-lo completamente afastado. O frio fazia o toque do metal queimar e tornava todas as tarefas mais difíceis, mais complicadas. Até conseguir água para beber era uma luta... Na primavera, surgia a luz. Isso dava aos homens 'uma extravagante sensação de alívio indefinido' e, em sua inocência e abandono, eram cegados pela neve. Parecia que havia agulhas em seus olhos, era como se as órbitas oculares estivessem cheias de areia. Costumavam arrastar seus trenós através do mar de gelo e da imensidão da neve macia. Consumidos pela imensidão da terra, os homens tropeçavam e tombavam mortos – de exaustão, desespero ou por algum erro de cálculo. Morriam em uma vala que se abria de repente ou por causa de um acidente estupidamente simples. Homens famintos comiam seus cães, depois suas roupas e depois se voltavam uns contra os outros."

A primeira viagem marítima bem-sucedida pela Passagem Noroeste ocorreu apenas em 1903, um ano antes de os Estados Unidos abrirem caminho pelo Canal do Panamá. Os exploradores haviam mapeado as costas leste e oeste do Ártico. Faltava apenas ligar os pontos. O explorador norueguês Roald Amundsen entrou no Ártico canadense através da Baía de Baffin, a leste, passou dois invernos preso em Nunavut e emergiu na costa do Alasca. Mais uma vez preso pelo gelo, foi de trenó até o posto telegráfico mais próximo, cerca de 800km ao sul, para anunciar seu triunfo. Ninguém se surpreendeu com o fato de a viagem ter levado três anos. Há muito já ficara claro que a passagem era perigosa demais para ser prática.

Eu me programara para minha visita a Churchill coincidir com a chegada do CCGS *Amundsen*, um navio quebra-gelo de pesquisas canadense cujo nome homenageava o explorador norueguês. Era pouco antes das 21h e o sol se mantinha pacientemente no céu quando Randy Spence, chefe do serviço técnico e da segurança do Porto de Churchill, se reuniu a mim nas docas. Spence era um homem calmo, atarracado, sem ser grande, com bigode preto curvado e trajando jaqueta de couro preto. Spence e eu fomos de carro até o final das docas para esperar. Ficamos sentados no caminhão com o vidro levantado. No rio abaixo, baleias beluga cruzavam pela superfície do mar, agitando a água como os anéis de uma serpente. Bandos de pássaros, já pensando na viagem para o sul, agitavam-se no ar. O porto se localizava bem na foz do Rio Churchill, protegido da Baía de Hudson pelo canto baixo sobre o qual ficava a cidade. Só veríamos o navio quando ele estivesse bem próximo de nós.

Spence recebia atualizações regulares no rádio e, quando o *Amundsen* estava a 20 minutos de distância, outro caminhão veio se juntar a nós na doca. Descemos do caminhão para receber os recém-chegados, um grupo de estudantes de pós-graduação, professores e pesquisadores que tinham ido recepcionar o navio, trocar de lugar com os cientistas a bordo ou examinar suas experiências. Entre eles, estava Gary Stern, um pesquisador do Departamento de Oceanografia do Canadá e professor da University of Manitoba, que fora o cientista-chefe a bordo do *Amundsen* no ano anterior, quando o navio quebra-gelo atravessou a Passagem Noroeste e descobriu que estava livre do gelo.

No final de outubro, o navio havia entrado no Estreito de Fury e Hecla, a abertura de 1,61km de largura, normalmente obstruída pelo gelo, entre o território do Canadá e a Ilha de Baffin. Os exploradores de antigamente teriam ficado espantados. A água fluía livremente. "Não havia gelo", disse Stern. "Nenhum. O *Amundsen* foi o primeiro navio que já cruzara o estreito tão tarde na estação. O primeiro. Mesmo no verão, é muito difícil os navios conseguirem passar por ali." No caminho de saída do estreito, o navio parou em uma cidade pesqueira. "O prefeito dizia que fora muito difícil para eles", disse Stern. "Eles costumam caçar renas na Ilha de Baffin nessa época do ano. Costumam ir de *snowmobile*, porque há muita neve ali. Naquele ano, não foi possível. Precisaram fretar um avião para voar até lá."

O *Amundsen* é grande e vermelho, com uma chaminé branca brilhante com o formato de barbatana dorsal sobre a qual uma folha gigante de bordo carmim em relevo se sobressai. Quando finalmente surgiu, era impossível deixar de vê-lo no rio, banhado na penumbra. Ex-navio quebra-gelo da Guarda Costeira canadense, a embarcação foi comprada pelo governo federal por US$1 pelos cientistas canadenses, que então gastaram US$27 milhões reformando-o para se tornar um navio dedicado a pesquisas científicas. O navio tem quase 100m de comprimento, conta com uma tripulação de 40 membros da Guarda Costeira canadense e com uma equipe de 40 cientistas. Tem espaço para um helicóptero, quatro guindastes e três lanchas, incluindo transporte especial para pântanos semelhante ao tipo usado nos Everglades da Flórida. Propulsores na popa e nas laterais permitem que ele rume para qualquer lugar. Enquanto permanecíamos tremendo na praia, o capitão executou uma volta completa em U, deslizando para dentro da doca em uma derrapada aquática em câmara lenta.

Churchill era o lugar de troca da tripulação em uma viagem prevista para durar 15 meses, saindo de Montreal, cruzando o Ártico canadense e voltando. O cientista-chefe da primeira parte da viagem era David Barber, professor de meio ambiente, terra e recursos na University of Manitoba e um dos principais especialistas mundiais em gelo marítimo. Um homem grande, de barba espessa e ondulados cabelos grisalhos, era a representação perfeita de um explorador do Ártico. Tinha o rosto grande e quadrado e olhos azuis foscos, e usava um casaco azul sobre uma camisa cáqui e sandálias Birkenstock com meias azuis.

Enquanto os estudantes e cientistas a bordo desembarcavam e a tripulação começava a carga e descarga dos equipamentos e suprimentos, Barber me levou para um breve passeio pelo convés, explicando os principais instrumentos do navio. Um anel de garrafas tão grosso e comprido quanto o braço de um homem podia afundar 6km dentro do oceano e ser aberto em um ponto remoto para coletar amostras de água. Uma pá para águas profundas escavava e trazia sedimentos a bordo. Um banco de redes com aberturas controladas por computador conseguia amostras da vida marinha. "No mundo físico, gostamos de dizer que estudamos tudo, desde o fundo do oceano até o alto da atmosfera", disse Barber. "E, no mundo biológico, estudamos tudo, desde vírus e bactérias até os diferentes elementos da cadeia alimentar de baleias e seres humanos. A ideia é estabelecer conexão entre essas duas coisas."

Barber parou em sua sala. Mobiliada com uma escrivaninha com painéis de madeira, uma mesa pequena e um sofá de três lugares estofado com tecido verde listrado, parecia um escritório normal, até que olhei pela janela e vi o rio passando. Barber estava entregando o projeto para uma equipe de médicos, enfermeiras e cientistas que passariam as próximas seis semanas realizando pesquisas sobre saúde na costa de Nunavut. Suas malas estavam na sala ao lado. "Antes, eu era cético a respeito da mudança climática", disse. "Até 10 anos atrás, imaginava que fazia parte da variabilidade natural, do ciclo natural, até que comecei a entender que as coisas não eram bem assim." A conversão de Barber começou em 1991, quando o monte Pinatubo, nas Filipinas, entrou em erupção, lançando poeira e cinza na estratosfera. As partículas de aerossol formaram uma névoa, obscurecendo o sol. As temperaturas globais caíram 0,5°C. "Pensei, se isso acontece com partículas de poeira, por que não podemos estar fazendo o mesmo com partículas de gás?", colocou Barber.

"Comecei a prestar atenção no que estava acontecendo com as temperaturas no Ártico", continuou. "Começamos a ver mudanças no gelo. Começamos a ver buracos de degelo no fundo do gelo. Estava descongelando por baixo, não por cima. Começamos a falar a respeito com os Inuit e eles disseram que, na região onde estávamos, 'isso nunca acontece. Não sabemos o que está acontecendo. É como se o oceano estivesse mais quente'. Para eles, a mudança climática é algo muito real. Até começaram a desenvolver novas palavras e expressões para conceitos com os quais não estavam acostumados, como 'queimadura solar' e 'magangaba'."

"Começamos a fazer projetos de outono onde não podíamos trabalhar no gelo, porque ele não se formava", disse. "Não podíamos pisar no gelo. Comecei a ter de fazer coisas, como projetar e construir barcos especiais que nos permitissem sair nesse gelo mais frágil, quando antes usávamos o *snowmobile*. As provas simplesmente começaram a cair como bombas sobre nós."

Em setembro de 2007, a Agência Espacial Europeia anunciou que a Passagem Noroeste estava totalmente navegável pela primeira vez desde que os registros começaram a ser realizados. Desde a travessia bem-sucedida de Roald Amundsen, 110 barcos cruzaram com êxito a passagem. Oitenta eram navios quebra-gelo ou navios comerciais com cascos mais duros. Mas, à medida que o gelo recuava, navios de turismo começaram a tentar a sorte. "Não havia gelo algum", Roger Swanson, criador de porcos de Minnesota de 76 anos que se transformara em iatista, declarou ao *Wall Street Journal* quando terminou a viagem naquele ano. Ele havia tentado duas vezes antes, em 1994 e 2005, mas voltara quando a passagem congelou. "Foi uma viagem linda", disse ele.

O gelo do Polo Norte aumenta e degela de acordo com as estações. Na escuridão do inverno, enche o Oceano Ártico, é empurrado contra o norte da Rússia, escorrega pelas costas da Groenlândia e lança tentáculos sobre as passagens das águas do Arquipélago Ártico Canadense. Fecha a Baía de Hudson e é empurrado pelo Estreito de Bering, chegando até a Sibéria. Sob o sol de verão, forma uma proteção arredondada, prendendo-se à Groenlândia e ao norte do Canadá. Os cientistas descobriram mudanças no gelo medindo a quantidade restante no outono, no final da estação do degelo, quando o sol começa a desaparecer. Em 2007, a cobertura de gelo atingiu um novo ponto mínimo, uma queda de 23% em relação ao registro anterior, de 2005. De uma hora para a outra, uma extensão de branco gelado do tamanho do Alasca, Texas e Califórnia passou a ser transportada pelas ondas.

Se a cobertura de gelo continuar a encolher nesse ritmo histórico, em 2050 o verão na parte mais alta do mundo estará livre do gelo até o Polo Norte. É mais provável que o gelo desapareça com muito mais rapidez à medida que bancos de neve forem acelerando o aquecimento do Ártico. "Há um oceano negro coberto por uma superfície branca", explicou Barber. "Assim, quando há muita luz solar no verão, essa superfície branca reflete a luz de volta para o espaço. Agora, elimine essa cobertura de gelo e haverá uma superfície negra, que absorve luz demais. Toda essa energia vinda do sol que costumava ser refletida para o espaço agora está sendo absorvida pelo oceano."

"A mudança climática está realmente modificando o Ártico – o que antes era um meio no qual havia gelo no mar por anos a fio no centro, o gelo que sobrevive ao verão e continua aumentando no inverno seguinte, hoje está desaparecendo e sendo substituído pelo primeiro gelo marítimo do ano." A diferença entre o primeiro gelo do ano e o gelo mais antigo do Ártico central é a diferença entre calcário e mármore. O gelo nunca fica com mais de 2m de espessura. O gelo de muitos anos pode chegar a ter 8m de espessura. Livre do sal, pode ser duro feito concreto. "É muito mais fácil trabalhar com o primeiro gelo marinho do ano", disse Barber. "É mais macio. Mais fino. Mais flexível. É possível projetar navios quebra-gelo que resistem ao primeiro gelo marítimo do ano de maneira muito simples."

"Então, quando se diz que houve uma estação no Ártico sem gelo, isso, na realidade, significa que não há mais gelo marítimo de vários anos", explica Barber. "Significa que será bem possível navegar durante o ano todo."

Empoleirada na costa norte da Noruega, onde a península escandinava se despedaça como um banco de gelo no Oceano Ártico, Hammerfest se considera a cidade mais setentrional do mundo. O sol desaparece durante dois meses do ano, mas as águas mornas da Corrente do Golfo mantêm o porto de águas profundas livre do gelo. Eram meados de fevereiro quando estive lá e não havia sol. As colinas nos arredores da cidade estavam cobertas de neve, mas a temperatura não estava baixa demais.

Antes um centro regional de comércio, uma gélida cidade de fronteira que havia prosperado por causa do óleo de baleia, das peles de foca e dos peixes, Hammerfest foi a primeira cidade europeia do norte a ter postes com luz elétrica nas ruas. Entretanto, na maior parte da última metade do século, estagnou. O comércio favoreceu o clima mais quente. Sua maior indústria, uma fábrica de salmão congelado, começou a demitir os funcionários. Uma grande reserva de gás natural foi descoberta mais de 140km longe da praia, mas as águas foram consideradas profundas demais e os mercados distantes demais para a extração do gás ser lucrativa. Uma cidade em declínio morre devido à ambição de seus jovens; ano após ano, eles vão embora para longe e não voltam mais. "As pessoas não estavam ansiosas para construir casas ou mesmo para pintá-las", disse Arvid Jansen, um antigo morador. "Dava para ver nos olhos das pessoas; não havia otimismo."

Foi então que, em 2002, com o aumento do preço da gasolina, a empresa de petróleo estatal norueguesa Statoil declarou que havia encontrado uma maneira de explorar suas reservas. O gás iria fluir, através de um oleoduto submarino, de poços no fundo do oceano até uma refinaria em terra. Seria resfriado, liquefeito, carregado em tanques e transportado por navio até os Estados Unidos. O projeto foi batizado de Branca de Neve e, para os habitantes de Hammerfest, era um final digno de um conto de fadas. Quando os funcionários do município compilaram os dados populacionais, três meses depois do anúncio, descobriram que as pessoas não estavam mais se mudando. "É apenas o começo", disse Jensen, que hoje preside a Petro Artic, um grupo de 350 empresas norueguesas do norte que atendem ao setor de petróleo e gasolina. "O Mar de Barents é enorme; mal começamos."

O gelo não é a única coisa que está desaparecendo no norte. A mudança climática perturbou um equilíbrio geopolítico vigente desde a era da exploração, atravessando duas guerras mundiais e a Guerra Fria. O Ártico é rico em metais, minerais e petróleo. Os primeiros administradores do entreposto em Churchill foram atraídos tanto pelo cobre que descia pelo rio quanto pelas peles e pelo óleo de baleia. O ouro descoberto ao longo do rio Klondile no Yukon, no final do século XIX, transformou a região em sinônimo de especulação, ganância e riqueza repentina. Mais recentemente, o Canadá descobriu diamantes. Nos cinco anos posteriores à abertura dos primeiros poços, em 1998, os mineiros encontraram quase US$3 bilhões em diamantes, o equivalente a praticamente um saco de 1,5kg de pedras preciosas todos os dias. O país se tornou o terceiro maior produtor mundial de diamantes em termos de valor, depois da Rússia e de Botswana. E ainda há mais a se encontrar. A United States Geological Survey calcula que o Ártico contém quase um quarto das reservas mundiais de petróleo e de gás natural, ainda não descobertas.

Quando se trata de recursos, "o problema nem sempre foi saber se eles estão ali ou não, mas sim em que ponto eles se tornam economicamente viáveis para a exploração", disse Rob Huebert, professor de ciência política da University of Calgary. "Você começa chegando ao Ártico, que é mais acessível pelo mar. Associe-se a isso o valor de US$100 por barril. Até algumas fontes marginais começam a parecer muito boas. As pessoas finalmente começam a ligar os pontos."

As apostas são altas. As mais recentes descobertas de gás e petróleo da Noruega acima do Círculo Ártico estão em latitudes que estariam geladas se não fosse a Corrente do Golfo. Sua riqueza em petróleo lhe tem permitido manter-se como um dos países mais generosos em termos de previdência social do mundo. O sistema de saúde é gratuito e o seguro-desemprego vale por um ano. Quando uma mulher dá à luz, pode escolher entre tirar 10 meses de licença com o salário total ou um ano inteiro com 80% do salário. Os estudantes não apenas são isentos das mensalidades escolares, como também podem se candidatar automaticamente a empréstimos anuais, dos quais quase um terço é cancelado na formatura. Os preços são altos, mas os salários também. Um copo de cerveja chega a €9, mas o turno da noite em uma *delicatessen* em Oslo chega a pagar €22 por hora.

Em Stavanger, a capital do petróleo do país, o desemprego está em torno de 1,5%. Na feira de empregos realizada pelas universidades para as empresas petrolíferas, os representantes das instituições se aproximam dos estudantes timidamente, como meninos vestidos com roupas erradas para a ocasião em seu primeiro baile. Uma universidade técnica francesa oferece aos possíveis candidatos uvas e chocolate. O sindicato dos engenheiros prepara waffles. Uma empreiteira da área petrolífera chamada Fabricom está rifando um IPod. "A cada duas semanas, há outra empresa que chega para comprar pizza e cerveja para os estudantes", disse Tonje Bye Lindvik, um aluno de engenharia de 30 anos. Em Hammerfest, onde o orçamento anual do município é de €62 milhões, esperava-se que o projeto Branca de Neve gerasse mais de €12 milhões em impostos anuais sobre imóveis. Quando estive lá, a prefeitura já iniciara uma reforma das escolas a um custo de €50 milhões e começara a construção de um Centro Cultural do Ártico com verba de €20 milhões e uma doca que custaria €12 milhões. No ano anterior, a cidade colocara em suas colinas uma cerca novinha em folha, para manter a distância uma peste singular do Ártico: "Temos um problema com renas por aqui", disse Bjorn Wallsoe, funcionário da prefeitura. Mesmo antes de o gás começar a fluir, vários anos de receita já haviam sido gastos.

Enquanto o Ártico estava congelado e seus recursos jaziam seguramente presos e fora do alcance, os países vizinhos concordaram em discordar sobre a quem pertencia exatamente o quê. Agora, a região aberta pode conter a maior concentração mundial de áreas disputadas. O Ártico é uma das partes do mundo onde a Noruega, lar do Prêmio Nobel da Paz, exibe mais músculos do que sorrisos. O governo descreve a região mais ao norte como sua maior prioridade estratégica. Há muito tempo, o país disputa com a Rússia a demarcação exata de sua fronteira no oceano. Por enquanto, ambos os lados concordaram sobre uma área cinza que está fora dos limites para a pesca e exploração de petróleo. A Noruega reivindica o Arquipélago Svalbard, um conjunto de ilhas pouco habitado ao norte do Círculo Ártico, desde 1925. O fato de Moscou jamais ter reconhecido a reivindicação de Oslo aos direitos territoriais a 230 milhas a partir do litoral das ilhas não impediu que a Guarda Costeira norueguesa abordasse os navios russos, os quais, segundo ela alegava, entravam em suas águas.

As temperaturas em elevação no norte levaram o Canadá e a Dinamarca a disputas cômicas sobre a Ilha Hans, território congelado do tamanho de um campo de futebol localizado entre a Ilha Ellesmere, no Canadá, e a costa oeste da Groenlândia. Em 2005, o Canadá enviou seu ministro da Defesa, Bill Graham, a um passeio pela ilha. Os dois países se revezam no desembarque de marinheiros. Em 2003 e 2004, Copenhagen enviou navios de guerra para erguer a bandeira dinamarquesa. Os canadenses responderam erguendo uma placa, a Folha de Flandres, e um marcador de pedra Inuit. Ambos os lados colocaram anúncios no Google e o conflito quase atingiu um nível crítico quando o parlamento canadense, jocosamente, ameaçou proibir os produtos de confeitaria dinamarqueses. "Eu não fui lá para fazer qualquer anúncio importante", disse Graham à agência de notícias canadense quando voltou da Ilha de Hans. "Minha ida à ilha foi totalmente coerente com o fato de o Canadá sempre tê-la considerado uma parte do Canadá... Também visitei outras propriedades canadenses."

Por trás da disputa, existe um conceito de soberania que não foi muito atualizado desde a época em que os exploradores fincavam uma bandeira e reivindicavam uma terra para o rei e o país. Os concorrentes talvez sejam capazes de optar entre resolver os conflitos nos tribunais internacionais, mas os casos, provavelmente, se transformarão em disputas que pouco mudaram desde o século XV. A terra pertence a quem tiver tido a presença física, ao país que historicamente tiver sido capaz de exercer o controle, e esse, até prova em contrário, é o fator decisivo.

No período que antecedeu as eleições canadenses de 2006, o primeiro-ministro Stephen Harper prometeu defender a soberania canadense no Ártico. No ano seguinte, anunciou que construiria oito novos navios-patrulha no Ártico e um novo centro de treinamento do exército na Baía de Resolute, ao norte de Ilha de Baffin. Perto, dentro da entrada leste para a Passagem Noroeste, um porto de águas profundas em Nanisivik seria reformado, permitindo que os navios atracassem e reabastecessem. "O Canadá tem uma opção quando se trata de defender nossa soberania sobre o Ártico", disse. "Podemos usá-la ou perdê-la. E esse governo definitivamente pretende usá-la."

A rixa mais importante do Canadá não é com a Dinamarca a respeito da Ilha de Hans, mas com os Estados Unidos. Assim como ocorre com a Rússia e a Noruega no Mar de Barents, ambos os países disputam como definir a fronteira marítima entre o Alasca e o Yukon. Mais urgente, devido à velocidade com que o gelo derrete, é a divergência sobre as condições da Passagem Noroeste, que o Canadá reivindica como águas internacionais e os Estados Unidos argumentam ser um estreito internacional.

O tratado segundo o qual os países do Ártico mais provavelmente farão suas reivindicações é o da Convenção das Nações Unidas sobre Direito do Mar, um acordo internacional sobre a divisão, gestão e proteção dos oceanos que os Estados Unidos não ratificaram. Washington argumenta que a passagem se enquadra na definição legal de estreito internacional, o que proibiria o Canadá de impedir a navegação. O Canadá argumenta que as provisões referentes às águas cobertas de gelo permitem a imposição de regulamentações ambientais e de segurança. Os Inuit, Ottawa aponta, há muito usam os estreitos gelados da forma como os outros países usam a terra. A partir da década de 1960, os Estados Unidos enviaram três navios através da passagem para testar a reivindicação canadense. Depois do mais recente, uma viagem em 1985 com o navio quebra-gelo USCGC *Polar Sea*, os dois lados chegaram a um acordo. Os Estados Unidos deixariam de mandar navios quebra-gelo sem o consentimento de seu vizinho do norte se o Canadá concordasse em jamais impedir sua passagem.

Enquanto o gelo interrompia a passagem, a questão não era considerada urgente. Mas agora, que parece cada vez mais viável, Washington está mantendo as três viagens como prova de que a passagem historicamente era usada como estreito internacional. O Canadá responde que três não bastam. "É como perguntar: Quantos anjos podem dançar na cabeça de um alfinete?" Quantas não permissões o transformam em um estreito internacional? A lei internacional não é muito clara nesse sentido. O que ocorrerá se o gelo derreter durante a metade do ano? Ou dois terços do ano? Quando o acordo deve ser firmado? Enquanto há cobertura de gelo?", indaga Huebert.

Duas semanas antes de minha chegada a Churchill, a Rússia tomou providências quando um de seus navios quebra-gelo movido a energia soltou dois minissubmarinos no gelo acima do Polo Norte. As duas embarcações navegaram mais de 2,5 milhas submersas no mar para colocar uma bandeira antiferrugem feita de titânio no solo de cascalho do oceano. O Direito Marítimo permite que um signatário reivindique recursos submarinos de uma distância até 700 milhas da costa se puder provar que o leito marinho subjacente é uma extensão de sua prateleira continental. A expedição russa fazia parte do esforço de mapeamento para estabelecer as reivindicações até o Polo Norte.

Junto com as notícias sobre o degelo, foi um momento de tomada de decisão. Mais tarde naquele mês, a Guarda Costeira dos Estados Unidos enviou seu navio quebra-gelo mais novo e tecnologicamente avançado, o USCGC *Healy*, em uma viagem de pesquisa de quatro semanas ao largo da costa do Alasca. Dois meses depois, a Guarda Costeira anunciou que estaria abrindo sua primeira base de operações no Ártico perto do ponto mais setentrional do país. Naquele mesmo mês, o Tratado sobre Direito Marítimo foi aprovado pelo Comitê de Relações Exteriores do Senado. O então presidente George W. Bush argumentou que "daria aos Estados Unidos um lugar à mesa quando os direitos que são vitais para nossos interesses forem discutidos e interpretados". Não ratificado, o tratado não servia para os Estados Unidos pressionarem em suas reivindicações. Os senadores conservadores, preocupados com a possibilidade de o tratado afetar a soberania das nações, mantiveram-no em suspenso por 20 anos. Foi preciso uma mudança climática para liberá-lo.

Certa tarde, em Hammerfest, vi quando um avião traçou seu rastro no céu. Os rastros gêmeos começavam no horizonte e se dirigiam ao alto. O jato estava em rota polar, voando de algum lugar na Ásia para algum lugar na América do Norte, percorrendo a rota mais curta possível. Os navios que usam a Passagem Noroeste da Europa para a Ásia eliminarão mais de 640km da viagem através do Canal do Panamá. Não terão de atravessar comportas, e os navios de todos os portes serão capazes de atravessar. Não vai demorar muito para que embarcações comerciais decidam testar suas águas e as reivindicações canadenses à soberania.

O meio ambiente nas regiões mais ao norte é especialmente frágil. Os ecossistemas do Ártico se desenvolvem em períodos que são quase geológicos em escala. "No curto prazo, as incertezas sobre o clima, a disponibilidade da busca e resgate e o movimento do gelo de muitos anos – juntamente com prêmios de seguro mais elevados – dissuadirão empresas confiáveis", escreveu Michael Byers, cientista político da University of British Columbia, no *Toronto Star*. "Mas algumas menos respeitáveis devem se arriscar. Há alguns petroleiros com bandeiras liberianas e credores desgostosos navegando pelos oceanos do mundo. A navegação internacional no Ártico envolve vários riscos ambientais graves. Um vazamento de óleo causaria danos catastróficos."

À medida que o gelo derrete, os Estados Unidos e o Canadá herdarão novas extensões inteiras de costa para monitorar. "O grande problema no norte é que nossos sistemas de radar, cobertura de satélites e capacidade de enxergar nos próprios centros populacionais são muito menores do que nas costas leste e oeste", disse Huebert. "Até certo ponto, toda essa questão de soberania é praticamente um ponto discutível. O problema é se temos realmente a capacidade de saber se alguém está em nossas águas e, em segundo lugar, tomar alguma providência a respeito."

"A parte mais quente do mundo é o ponto frio", disse Lloyd Axworthy, ex-ministro do Exterior do Canadá. Foi sob a supervisão de Axworthy que o governo vendeu o Porto de Churchill para a OmniTRAX, e a cidade respondeu dando seu nome à pequena extensão de estrada até o porto. "Há alguns graus de oportunidade na mudança climática, mas, de uma maneira tipicamente humana, nós a estamos abordando com medidas de demonstração de força", disse. "É uma situação absurda, na qual temos russos, americanos, canadenses, dinamarqueses, todos colocando bandeiras em prateleiras submarinas e pequenos trechos de terra em ilhas, atirando contra fragatas. Estamos de volta ao século XIX. Se não fosse tão trágico, seria cômico."

"Há um regime russo que está recuando para um nacionalismo extremo. Um regime americano que joga da mesma forma. Se o que se está fazendo ali é colocar mais navios militares e mais bases militares, enviando mais soldados, mais homens com bandeiras, em que momento eles vão começar a esbarrar uns nos outros?"

"Certa vez, quando eu era ministro do Exterior, recebi um telefonema quando estava em uma festa de rua em meu distrito eleitoral", disse ele. "Era Madeleine Albright." Um grupo de pescadores do porto da cidade de Prince Ruppert, acusando americanos de pescar em águas canadenses, havia cercado uma estação de barcas estadual do Alasca e estava impedindo que mais de 300 passageiros zarpassem. "Ela disse: 'Se não fosse por você, Lloyd, os fuzileiros já teriam chegado'", disse Axworthy. "Nós achamos graça. Mas a realidade é que há muitas coisas ali que não poderemos controlar."

"Durante muito tempo, o Ártico foi uma região bem interessante. Os russos e os americanos brincavam de pique-pega sob o gelo. Haverá um conflito nuclear? Não. Vamos nos transformar na Palestina e em Israel? Não. Os fuzileiros navais americanos vão atirar contra soldados Inuit? Não consigo imaginar essa situação."

"Mas jogar os russos no meio dessa confusão?", perguntou, refletindo. "Bem, quem sabe?"

7

"UMA ESPÉCIE DE AMEAÇA EXISTENCIAL BÁSICA"
O SUL DA ÁSIA, O DESAPARECIMENTO DAS GELEIRAS E A CATÁSTROFE REGIONAL

Visto de cima, o Rio Bramaputra mais parece um grande emaranhado. Inúmeros canais criam uma "trança" de águas nas planícies alagadas do sul da Ásia, dividindo-se e gingando em torno de bancos de areia em formato de diamante. A extensão do rio pode chegar até a 24km, mas uma pessoa que o atravesse durante a estação seca gastará mais tempo caminhando pelos campos das ilhas do que remando contra as correntes. "É um rio grande e imprevisível", disse Manoj Talukdar, economista do Cotton College, em Guwahati, capital do estado indiano de Assam.

Desde sua nascente, no oeste do Himalaia, o Bramaputra atravessa quase 1.500km a leste pelo sul do Vale do Tibet, chegando ao sul um pouco antes de Mianmar, caindo em cascata pelas montanhas. Quando atinge as planícies do nordeste da Índia, a elevação do rio já diminuiu mais de 4km. No restante de seu trajeto pela Índia e por Bangladesh, viaja uma distância equivalente àquela entre Boston e Miami e cai apenas 150m. Plano, poderoso e de movimentos lentos – pesado com lodo, areia e terra –, o Bramaputra varre o planalto tibetano, em direção à Bacia de Bengala.

O resultado é um rio que alterna entre terra e água. A cada enchente, ele redesenha seu curso: em um lugar, uma extensão de ribanceira desaparece; em outro, nasce uma ilha. "A terra não desaparece", disse Talukdar, que vem aconselhando o governo de Assam sobre o controle de erosão. "Tem de se depositar em alguma parte. E o que está acontecendo é que está indo mais a jusante. O povo local está perdendo suas terras e a terra está surgindo em outra parte."

As ilhas do rio têm um dos solos mais ricos da região, reabastecidos anualmente à medida que as enchentes depositam areia e lodo. No entanto, a vida no rio é absolutamente precária. Uma mudança de correntes pode acabar com uma ribanceira enquanto novos depósitos aumentam as terras de um vizinho. Os campos da ilha podem ser férteis, mas também costumam ser inundados inúmeras vezes. "Primeiro colocamos a comida e as roupas na cama, quando a água não sobe demais", contou uma família de Bangladesh ao jornalista indiano Sanjoy Hazarika. "Depois, quando a água ameaça cobrir a cama, juntamos as mesas e tábuas e passamos a viver em cima delas ou, por fim, vamos para o telhado da cabana – com nossas famílias, cabras e galinhas."

A geologia das ilhas do rio cria outras possibilidades, além da agricultura. Isoladas, efêmeras e inseguras, são um ponto de passagem ideal para a busca clandestina de uma vida melhor. Seu formato mutável dificulta a demarcação correta das fronteiras, e mais ainda, seu patrulhamento. E, ao atravessá-las, é fácil para os recém-chegados se misturarem em comunidades, longe do escrutínio das autoridades. Particularmente na fronteira da Índia com Bangladesh, elas formam um ponto de trânsito importantíssimo para o êxodo de um dos países mais pobres do mundo. Assim, à medida que a terra é arrastada rumo ao sul, uma contracorrente de imigração ilegal sobe em direção ao norte.

Ambos os fluxos – a erosão rio abaixo e a migração de pessoas rio acima – têm chances de aumentar com as mudanças climáticas. As geleiras do Himalaia já começaram a derreter, recuando vários metros por ano em alguns lugares. O Painel Intergovernamental sobre Mudança Climática calcula que, se o mundo continuar a esquentar no ritmo atual, as geleiras terão desaparecido até 2035. O derretimento das geleiras começa pelas laterais, cedendo suas águas para o fluxo da estação. Enquanto isso, também estão derretendo no topo, formando grandes lagos contidos por barragens de gelo ou de restos glaciais. Quando essas barragens se rompem, as torrentes de água liberadas atravessam campos, destroem represas e derrubam pontes em um raio de até 190km.

Enquanto isso, rio abaixo, onde o Bramaputra encontra o Ganges, Bangladesh pode ser o lugar em que a mudança climática se fará sentir com maior intensidade. Uma população que corresponde a 50% da população dos Estados Unidos ocupa uma área pouco menor que a do estado de Lousiana. A maioria de seus habitantes vive às margens da economia mundial, em que o menor dos reveses pode significar indigência. Com planícies inundadas se estendendo por quase 70% de seu território, Bangladesh é especialmente vulnerável a inundações, elevação dos mares e tempestades. A maior parte do país está a apenas 5m do nível do mar.

O Banco Mundial calcula que uma elevação de 1,37m no nível dos oceanos seria o bastante para inundar 18% de seu território. No Parque Nacional de Sundarbans, a sudoeste de Bangladesh, as árvores começaram a morrer; os mares em elevação deixaram os lençóis freáticos salgados. Em uma década normal, o país sofrerá uma grande inundação. Nos últimos 10 anos, os rios transbordaram três vezes, mais recentemente em 2007, quando 8 milhões de pessoas foram afetados. No inverno daquele ano, o ciclone Sidr, uma tempestade de categoria 4, assolou o litoral do país. Ondas de mais de 6m de altura amassaram barracões de estanho e fazendas, mergulhando a capital na escuridão. O Crescente Vermelho calcula que 10 mil pessoas podem ter perdido a vida. "Bangladesh sempre teve de conviver com várias inundações", escreveu no jornal londrino *Independent* Sabihuddin Ahmed, ex-secretário do Ministério do Meio Ambiente do país. "Com a mudança climática, a inundação temporária que vemos durante a estação chuvosa está se tornando permanente", continuou. "Se a densidade populacional de Bangladesh não fosse tão alta, talvez isso não fosse um grande problema... Quando os lares e colheitas dessas pessoas forem inundados permanentemente, para onde elas irão? O que vão fazer? O que vão comer?"

Basta examinar rapidamente o mapa da Índia para constatar que a região nordeste do país ocupa lugar especial na nação. Encurralada entre Mianmar, Butão, Nepal e China, a região se enrola ao redor do norte de Bangladesh como um braço gigante em torno dos ombros de uma criança. Unida ao resto da Índia por um estreito pedaço de terra de pouco mais de 20km de largura, foi colocada sob o controle de Déli pela conquista pelo leste em 1826, quando os ingleses conquistaram Mianmar. Etnicamente, o povo é tanto tibetano e birmanês quanto sul-asiático; muitos se revoltam por fazerem parte da Índia. Os sete estados da região foram palco de cerca de uma dúzia de insurreições étnicas cujas causas variaram de maior autonomia dentro da Índia até a total independência. Boa parte da região permanece fechada aos estrangeiros. Os turistas têm de solicitar licenças especiais para viagem que raramente são concedidas.

No inverno passado, enquanto Bangladesh estava se recuperando do ciclone, voei até a cidade de Guwahati, no nordeste da Índia, às margens do Bramaputra, peguei um carro e dirigi-me ao sul, pelas montanhas. A cidade de Shillong, capital regional sob o governo britânico, fica a apenas 120km de distância, mas a viagem levou a manhã inteira. A estrada estava esburacada e movimentadíssima. O motorista do carro passou o tempo todo buzinando – tocava a buzina de leve ao fazer uma curva fechada, buzinava alto e freava, espremendo-se entre enormes ônibus e caminhões pintados.

Em Shillong, paramos para apanhar Sanjeeb Kakoty, historiador e documentarista, e depois continuamos nossa viagem rumo à fronteira da Índia com Bangladesh. Kakoty usava calças de veludo cotelê, tênis de couro marrom e uma camisa cinza com colarinho. Tinha bigode fino e sorriso permanente no rosto redondo. Viajamos por uma colina sinuosa, passamos pela cidade de Cherrapunji, tida como o lugar mais úmido da Terra. As escarpas de ambos os lados eram íngremes. Um nevoeiro cobria os barrancos abaixo. "Veja as montanhas aqui", disse Kakoty. "Estamos sobre uma enorme rocha de calcário. Anos de desmatamento a deixaram praticamente infértil. Nenhuma árvore cresce aqui. Nem mesmo grama. Apenas essas rochas que você vê. Por um lado, Cherrapunji tem o maior índice pluviométrico do mundo. Por outro, não tem árvores nem arbustos para reter a chuva. Toda a capada superior do solo foi levada embora. É considerado o deserto mais úmido do mundo."

A estrada terminava em um estacionamento, na entrada de um parque. Compramos o bilhete e entramos no parque. Adolescentes faziam piquenique na grama. Ouvi um rádio tocando música americana atrás de umas árvores. Kakoty seguiu por uma trilha de cimento que foi dar na beira de um penhasco. O calcário aparente se sobressaía como a proa de um navio sobre planícies planas abaixo. Estávamos na extremidade da Índia. Olhando para trás, na curva do platô, pude ver declives e despenhadeiros escarpados, barrancos cobertos de florestas. No nevoeiro abaixo de nós, a água, com seu trajeto sinuoso, brilhava sob o sol. "Por definição, planícies significam Bangladesh", disse Kakoty. "Obviamente, se elas inundarem, as pessoas subirão para um local seguro."

Até 1947, quando os ingleses abandonaram seus sonhos de império, as planícies de Bengala e as colinas do nordeste faziam parte da mesma colônia. A fronteira entre a Índia e o que viria a ser Bangladesh foi traçada por um burocrata chamado Cyril Radcliffe, que chegara à Índia apenas cinco semanas antes de o país ser dividido. Ele nunca visitara o nordeste, tampouco o restante da Índia. Solicitado a definir onde deveria ficar a fronteira sul de Shillong, sua comissão estabeleceu-a no sopé das colinas. Déli ficou com as colinas. As planícies ficaram com o Paquistão do Leste (que, mais tarde, se tornaria Bangladesh).

A migração de Bangladesh para o nordeste da Índia vinha ocorrendo há séculos, mas se acelerara sob o domínio inglês, que persuadira os mulçumanos das planícies de Bengala na região predominantemente hindu a trabalharem no setor de chá. Durante a Segunda Guerra Mundial, o repovoamento foi estimulado, a fim de aumentar o cultivo da terra e fornecer alimentos para as linhas de frente. A fronteira internacional dividiu cidades em duas e separou fazendeiros de suas terras. Além disso, mudou também a natureza da migração. Até Radcliffe traçar sua linha, um camponês de Bengala podia simplesmente juntar suas coisas e dirigir-se para o norte. Agora, aqueles que desejavam seguir viagem enfrentavam a travessia para outro país.

"A tensão é parte constante da vida política dessa área", disse Sanjib Baruah, professor de estudos políticos do Bard College em Nova York, nascido em Assam. "E a migração é uma das fontes dessa tensão." Conversamos no restaurante de um hotel em Guwahati, bebendo cerveja indiana e comendo amendoins altamente temperados. É impossível saber exatamente quantas pessoas se mudaram ilegalmente de Bangladesh para a Índia; os recém-chegados podem se misturar facilmente nas comunidades existentes. As estimativas variam de milhões a dezenas de milhões. No estado de Assam, por exemplo, onde as tensões devido à imigração são maiores, os mulçumanos dominam seis dos 27 distritos. "As características demográficas e sociais de toda parte oeste do estado indiano de Assam... mudaram como consequência do influxo de falantes do idioma de Bengali, predominantemente de refugiados mulçumanos de Bangladesh", escreveu Brahma Chellaney, professor de Estudos Estratégicos do Centro de Pesquisas Políticas, em Nova Déli. "Talvez seja a primeira vez na história moderna que um país expandiu suas fronteiras étnicas sem expandir suas fronteiras políticas."

Em 1979, as tensões chegaram a um crescente quando os sentimentos anti-imigração se transformaram no que ficou conhecido como Agitação de Assam – seis anos de protestos que de nada adiantaram. O último grande influxo de imigrantes ocorrera seis anos antes, quando Bangladesh, apoiado pela Índia, se separou do resto do Paquistão e o nordeste foi inundado pelos refugiados. A maioria voltou para casa assim que o conflito terminou, mas calcula-se que cerca de 1,5 milhão tenha permanecido. Os responsáveis pelos protestos, liderados pela All Assam Students' Union, exigiam a deportação de imigrantes ilegais e boicotavam eleições que consideraram definidas por votos de estrangeiros. "Estávamos lidando com uma região em que há um regime de documentação extremamente pobre", disse Baruah. "Assim, a linha divisória entre migração e cidadania é muito tênue. A imigração ilegal é quase um direito de fato. Está mudando significativamente o equilíbrio político. São águas políticas perigosas."

Pontes foram explodidas. Delegacias foram invadidas. Temendo mais agitação, o governo cancelou o censo de 1981 no estado. Os manifestantes mais radicais pegaram em armas e partiram para as colinas, formando um movimento militar que continua lutando até hoje. "A migração ilegal para Assam foi a questão central por trás do movimento estudantil de Assam", escreveu Srinivas Kumar Sinha, então governador de Assam, em um relatório ao presidente da Índia. "Foi também o principal fator que contribuiu para a deflagração da rebelião no Estado." A mensagem era clara. Para a Índia, a imigração de Bangladesh tem de ser considerada questão de segurança nacional. "Os protestos contra a migração e a rebelião em Assam começaram no mesmo ano", disse Baruah. "Administrar esse tipo de migração seria muito difícil para qualquer sociedade. Aqui, transforma-se em violência. Em instabilidade política. Em rebelião."

Como um problema político no nordeste, a imigração continua sendo uma questão sem paralelo. "Após 1979, quase todas as eleições em Assam foram disputadas com base em quem era a favor ou contra a imigração", disse Kakoty. O resultado da agitação foi um acordo entre os manifestantes e o governo que resolveu o problema no papel, mas, na realidade, fez muito pouco. Afinal, os imigrantes – antigos e legais ou recentes – têm o voto e os políticos não têm a pretensão de ofendê-los. Entre 1986 e 2000, a polícia expulsou quase 1.500 imigrantes ilegais. A demografia continuou a mudar, em grande parte para o ressentimento daqueles que se consideram nativos do lugar. Todo jornal que peguei durante minha estada no nordeste mencionava o assunto, geralmente na linguagem da crise. Nas conversas e nos jornais, a palavra usada para se referir a um mulçumano de origem bengalesa não era *imigrante* ou *estrangeiro*. Era *infiltrado*.

Kakoty tinha dado as costas para as planícies de Bengala e estava se debruçando no parapeito. "O governo de Assam vem distribuindo documentos de posse de terra a todos os imigrantes", disse. "Eles passaram a ser os verdadeiros donos da terra onde estão estabelecidos. O que vai acontecer agora? A batalha provavelmente está perdida. A guerra não terminou. Mas eles vieram para ficar."

"Seis anos de agitação não resultaram em nada", continuou. "O presidente do sindicato estudantil tornou-se ministro-chefe; seu assistente, ministro do Interior. Eles não podiam fazer muito para resolver o problema. Inicialmente, o movimento rebelde contava com muito apoio popular. As pessoas os chamavam de seus rapazes. Isso também não funcionou. Agora há decepção com os grupos rebeldes. As pessoas estão perguntando: 'O que vai acontecer agora?'"

"Lembro-me de como minha forma de pensar evoluiu", continuou Kakoty. "Quando eu era estudante, pensava: 'Devemos mandar essas pessoas embora.' Eu realmente acreditava que isso seria possível. Mas, à medida que envelhece, você percebe que não é tão fácil assim. Você não pode expulsar tantas pessoas." A mais de 150km ao sul, fica Tripura, estado no nordeste da Índia, onde os imigrantes de Bengala há muito são mais numerosos do que os habitantes nativos. A preocupação com o povo original de Assam é que eles também se tornem minoria nas terras de seus ancestrais. "Eu me tornei muito liberal", disse Kakoty. "Ou talvez liberal não seja exatamente a palavra certa. Tornei-me pragmático. Houve um momento em que eu tinha certeza de que podíamos expulsá-los. Podíamos ter o controle de nossos próprios recursos. Agora vejo que isso não vai acontecer."

"Francamente, tornei-me um pessimista", disse. "Acredito que nossas comunidades estão condenadas. Seremos absorvidos por eles, por Bangladesh e pela Índia."

No caminho de volta, fiz um desvio até Nellie, comunidade de beira de estrada com edifícios de concreto e palmeiras ao longo da autoestrada nacional onde, em fevereiro de 1983, várias cidades vizinhas que pertenciam à tribo Tiwa se organizaram com facões, lanças de bambu e flechas envenenadas. Boatos de violência nas eleições da capital chegaram a seus ouvidos e eles estavam determinados a atacar primeiro. A matança foi sistemática. Duas colunas de homens da tribo atacaram cedo pela manhã, quando os fazendeiros estavam nos campos. Conduziram suas vítimas ao longo de um canal, onde um grupo maior esperava em emboscada. Mais de 2 mil mulçumanos bengali, a maioria mulheres e crianças, foram mortos.

Sanjoy Hazarika, em um relato ao *New York Times*, chegou mais tarde naquele dia, cruzando o canal em uma pequena canoa.

"Enquanto eu escalava a pequena margem, vi diante de mim talvez a cena mais horrível que eu tinha visto em toda a minha vida", escreveu no livro *Rites of Passage*. "Uma família inteira estava deitada na margem do rio: os pais e cinco filhos, com idades variadas – o mais jovem era apenas um bebê. Todos estavam mortos, esfaqueados, retalhados; o menorzinho fora decapitado. Sua cabeça estava ao lado do corpo."

"Olhei mais adiante e vi outros corpos", continuou. "Penso que, depois disso, ficamos insensíveis aos sentimentos – os campos alagados estavam cheios de jovens, mulheres idosas, homens idosos e crianças pequenas que haviam sido assassinados. Em um pequeno pedaço de terra, contei 200 corpos no chão, exatamente onde haviam caído. Mas como os homens jovens haviam sobrevivido?

A resposta era simples: porque conseguiram correr mais rápido do que mulheres, idosos, doentes e crianças."

Parei na casa de Kamal Patar, o ancião da aldeia em cujas terras ocorrera o massacre. Patar tem 72 anos, e cheguei sem avisar. Enquanto esperava que ele se arrumasse, sentei-me na sala de visitas de sua casa e examinei a decoração. Pinturas de vacas, paisagens e de Ganesh, o deus com cabeça de elefante do hinduísmo, adornavam as paredes, que eram pintadas de azul-bebê. Um suporte para incenso do tamanho de um abajur de mesa estava perto da poltrona em que eu me sentara. Patar estava descalço quando cheguei. Usava uma camisa de algodão branca e um pano branco amarrado em volta da cintura. Apesar do calor, usava um colete marrom de lã. O rosto era bem bronzeado, mais escuro na testa e nas bochechas. Quando ele cruzou as pernas, notei os músculos em suas panturrilhas. Ele liderava um grupo sem fins lucrativos dedicado ao desenvolvimento e à reconciliação entre seu povo e os mulçumanos falantes de bengali. Todos os dias, ia de bicicleta até as aldeias em que o grupo atuava. "Mais de 1.500 pessoas morreram aqui", foram as primeiras palavras que ele me disse.

Durante nossa conversa, travada, em sua maior parte, com a ajuda de um intérprete, com alguns trechos em inglês aqui e ali, Patar estabeleceu cuidadosamente distinção entre os mulçumanos falantes de bengali em sua aldeia e aqueles que chegaram mais recentemente.

Enquanto falávamos, referi-me aos imigrantes – antigos ou novos – como "*bangladeshi*", um termo forte que subtendia sua ilegitimidade. Patar se recusou a seguir na mesma linha, utilizando um termo mais neutro para seus vizinhos: "Os mulçumanos que vivem aqui."

"Essas pessoas, esses colonos, são muito velhos, ao contrário dos que chegaram recentemente. São donos das terras. São tão cidadãos deste país quanto eu." No entanto, Patar deixou pouca dúvida de que acreditava que sua comunidade corria perigo. Desde o massacre, uma grande mesquita foi erguida ao longo da rodovia no centro da cidade. As aldeias a oeste e a norte tinham se tornado predominantemente mulçumanas. As mulheres se vestiam com burcas pretas e o bengali era a língua dos mercados e ruas. Quando perguntei a Patar o que ele pensaria se comerciantes ou funcionários do governo começassem a redigir avisos em bengali, vi que o deixara zangado. "Falar o próprio idioma deles, que aprenderam em Bangladesh, não é aceitável", disse. "Eles vieram para Assam e devem falar o idioma local." Foi um sentimento com o qual me deparei muitas vezes no nordeste. Patar aceitara o *status quo*, mas não estava pronto para fazer concessões adicionais. "A situação tem de permanecer inalterada", completou.

O aquecimento global, com as elevações dos níveis do mar no sul e os rios cada vez mais imprevisíveis do norte, atingirá Bangladesh impiedosamente. A mudança climática poderia romper o ciclo das monções, reduzir a produtividade agrícola e facilitar a disseminação de doenças transmitidas pela água. O maior especialista em mudança climática do país, A. Atiq Rahman, diretor-executivo do Centro de Estudos Avançados de Bangladesh, gosta de propor que os países ricos deveriam compensar suas emissões acolhendo refugiados ambientais, hospedando uma família de Bangladesh para cada 10 mil toneladas de carbono emitidas. Ele só estava brincando. O Painel Intergovernamental sobre Mudança Climática calcula que a produção de arroz poderia cair quase 10%. A de trigo poderia ser reduzida em um terço. À medida que a qualidade de vida cair em seu país, a pressão para que os habitantes de Bangladesh migrem se intensificará. Ciclones e inundações poderiam incitar movimentos de refugiados ambientais sem precedentes. O impacto se fará sentir no mundo inteiro, mas as comunidades como Nellie serão as primeiras a sofrê-lo.

Não mencionei a mudança climática a Patar, mas perguntei o que ele pensava que aconteceria se a emigração de Bangladesh se acelerasse. Essas pessoas aceitariam os recém-chegados? Ele achava que não. "Poderia haver violência", disse. "Um prato de arroz dá para uma pessoa. Hoje, temos duas pessoas para cada prato de arroz. Certo, podemos sobreviver. Mas 10 ou 15 pessoas não podem comer do mesmo prato. Haverá fome em algum lugar."

No caminho de volta para Guwahati, fiz a mesma pergunta a Samujjal Bhattacharya, o conselheiro do sindicato estudantil All Assam Students' Union, a organização que havia liderado a agitação na década de 1980. "É uma questão de identidade", respondeu. "Estamos nos tornando uma minoria em nossa terra natal. Daqui a 10 anos, um habitante ilegal de Bangladesh será governador de Assam. Em 2020, os bangladeshi tomarão o nordeste. Estamos sentados em um barril de pólvora. Existem apenas dois caminhos. Ou nos rendemos aos imigrantes ilegais de Bangladesh ou nos unimos e revidamos. Não estamos defendendo a violência, mas, ao mesmo tempo, devemos proteger nossa identidade."

"É dever do governo expulsar todos os imigrantes de Bangladesh e os grupos adeptos da Jihad", disse. "O governo indiano será responsável por qualquer incidente – e não queremos isso."

ANTES DE A CAXEMIRA FICAR FAMOSA POR SUA VIOLÊNCIA infernal, o vale montanhoso era considerado o paraíso na face da Terra. Localizado bem acima das planícies excessivamente quentes da Índia, foi transformado em um refúgio ideal contra o calor, primeiro pelo império Mughal, que se transformou na cidade de Srinagar em sua capital de verão, e depois pelos ingleses. Negada a permissão para construir na praia, os administradores coloniais construíam casas-barcos flutuantes nos lagos da cidade e passavam os verões nos declives do Himalaia.

Quando cheguei, a beleza era pouco evidente. Eu estava atrasado, ficara preso por um nevoeiro e rajadas de vento que haviam fechado o aeroporto por dois dias. Quando desembarquei, a neve estava quase derretida, mas a cidade estava fria e cinzenta. Árvores sem folhas se erguiam como pilares nos lados da estrada. Eu tinha contraído uma infecção pulmonar em Déli e o ar frio atacava meus pulmões.

A Caxemira tem todos os sinais de um país ocupado. Embora a Índia tenha tentado reduzir a visibilidade dos militares na capital, os sinais estavam em toda parte: postos de sentinela em sacos de areia nas esquinas das ruas; arame farpado nas pontes; cachecóis enrolados em volta dos rostos dos soldados em patrulha. Meu hotel não ficava longe de uma base militar. De madrugada, eu ouvia o chamado dos mosquetes, respondido minutos depois pelo toque das cornetas.

Nas ruas, as pessoas olhavam diretamente para frente. Andavam em pequenos grupos de três ou quatro pessoas. A vestimenta nacional de Caxemira é um roupão comprido de lã cinza que vai dos ombros até os joelhos, usado pela maior parte das pessoas. Os mantos não permitem que elas tenham linguagem corporal. Os rostos, pareceu-me, eram cuidadosamente desprovidos de expressão. Nas áreas mais povoadas, havia soldados indianos ou a polícia de Caxemira em todas as esquinas.

A Índia e o Paquistão se enfrentaram em três guerras por causa da região – em 1947, 1965 e 1999 –, mas o conflito mais destrutivo foi a rebelião que colocou os habitantes de Caxemira contra o governo central. A Índia não revelou quantas tropas combateram na região e ao longo da linha de cessar-fogo com o Paquistão, mas as estimativas vão de 200 mil a 600 mil – muito mais do que o total que os Estados Unidos tinham no Iraque em 2007. Entre as violações dos direitos humanos cometidas pelas forças de segurança e militantes indianos, que receberam apoio e treinamento do Paquistão, estão desaparecimentos, estupro, tortura e execuções sumárias. Dezenas de milhares de militantes, tropas indianas e civis perderam a vida na luta.

Em Srinagar, visitei uma mulher chamada Safia Azar. Meu intérprete e eu deixamos nossos sapatos na varanda e entramos em sua sala de visitas. Havia uma fila de poltronas encostadas na parede, mas nos sentamos no chão, sobre um tapete com estampa de flores, e puxamos os cobertores sobre nossas pernas. Safia nos ofereceu potes de argila cheios de carvão queimando para nos aquecer, então colocou os joelhos sobre seu manto de cashmere e se ajoelhou diante de nós.

Safia tinha 34 anos, um rosto tenro e redondo sob um lenço amarelo. Há 15 anos, seu marido, um comerciante de madeira chamado Humayun, fora preso em uma barreira policial indiana quando ia de carro para a casa da irmã. Safia e Humayun estavam casados há dois anos e eram os pais de um bebê de 6 meses. Safia se levantou, foi até uma estante e voltou com uma fotografia emoldurada. Na foto, seu marido usava uma camisa marrom larga. Suas pernas estavam cruzadas displicentemente. Tinha cabelos espessos e bigode fino. O rosto largo estava ligeiramente fora de foco, mas o fotógrafo captara o momento de um sorriso surpreso e amoroso.

A última vez em que alguém da família de Safia viu o marido foi na noite após sua prisão. Uma escolta de soldados o trouxe para revistar o prédio. "Nossa casa era como uma guarnição do exército", disse Safia. Todos na casa, inclusive Safia e o filho, foram mandados para um quarto. Apenas a mãe de Humayun foi deixada do lado de fora. Mais tarde, ela diria a Safia que seu marido parecia ter sido surrado. "Os soldados diziam: 'Dê-nos sua arma. Onde está sua arma?'", disse Safia. "Minha sogra respondeu: 'Ele não tem arma.'" Humayun pediu para ver o filho, mas o oficial encarregado não permitiu. As últimas palavras que disse antes que os soldados o levassem foram dirigidas à mãe: "Salve-me."

Safia vivia em dois quartos que haviam pertencido a seu sogro e dividia a casa com os quatro irmãos do marido e suas famílias. Ela trabalhara por pouco tempo em uma escola de ensino fundamental como professora e tinha um emprego de meio período em uma papelaria. Um tio estava ajudando a pagar os estudos de seu filho de 15 anos. Um mês depois da prisão de seu marido, o exército anunciou que Humayun escapara da prisão na cidade de Jammu. Mais tarde, um estranho lhe disse que o vira na prisão. Desde então, ela não ouvira mais nada. Durante quase toda a sua vida adulta, ela fora casada com um homem desaparecido. "Se ele tivesse morrido, eu devia pensar em voltar para a casa de minha mãe", disse. "Talvez eu pensasse em casar novamente. Mas ele desapareceu."

O costume da Caxemira e a aprovação do martírio por sua família não deixaram que ela se casasse novamente, que encontrasse um homem para sustentar seu filho e, assim, seguisse sua vida. "Meu marido estava destinado a desaparecer", disse Safia. "O castigo não foi dado só a ele, mas também a mim e a meu filho. Se ele tivesse sido morto, teria sido um entre muitos. O desaparecimento é um castigo maior. É mais cruel."

As causas que levaram ao conflito na Caxemira têm pouco a ver com o aquecimento global, mas os níveis elevados de gases de efeito estufa poderiam agravar o conflito. A região – na verdade, o continente inteiro – estará sob pressão intensa à medida que a mudança climática provocar danos no ciclo das águas. O derretimento das geleiras do Himalaia alimenta sete grandes rios, fornecendo água a uma região de bilhões de pessoas, das quais, uma em cada cinco já não tem acesso à água potável. O Painel Intergovernamental sobre Mudança Climática prevê que as reduções na disponibilidade de água doce no centro, sul, leste e sudeste da Ásia, especialmente em bacias de grandes rios, afetarão adversamente mais de 1 bilhão de pessoas em 2050. "Calcula-se que o degelo das geleiras do Himalaia aumente as inundações e avalanches de rochas de encostas desestabilizadas e afete os recursos hídricos dentro de duas a três décadas", diz o relatório do Painel de 2007. "A isso, se seguirá a redução dos fluxos do rio, à medida que as geleiras recuam."

À medida que os padrões de precipitação forem mudando ou se tornarem menos previsíveis, os países que dependem das monções terão de lidar com o desafio de administrar os suprimentos mesmo quando as enchentes dos rios e a elevação dos mares ameaçarem transformar em lagos seus campos de cultivo. Como muitos países asiáticos canalizam 90% de sua água para a agricultura, a escassez de água equivale à queda na produção de alimentos. O Painel Intergovernamental sobre Mudança Climática calcula que o rendimento das colheitas poderia cair 30% no centro e no sul da Ásia. "As geleiras são muito importantes para o suprimento de água na estação seca", afirmou Monirul Mirza, cientista da University of Toronto especializado em meio ambiente. "A progressão da altura pluviométrica começa na Bacia do Bramaputra e, à medida que progride gradualmente para oeste, a umidade no ar se torna cada vez menor. No oeste da Índia e no Paquistão, chove muito pouco." Embora o escoamento glacial corresponda a menos de 10% do volume do grande Bramaputra, quase 80% do fluxo dos rios que alimentam a Caxemira, o oeste da Índia e o Paquistão dependem do derretimento do gelo.

Em Ladakh, região do Himalaia acima da Caxemira, as temperaturas em elevação começaram a engolir as geleiras. "Onde existem geleiras, existem rios", disse Nawang Rigzin Jora, parlamentarista da região. "Onde quer que exista um rio, existe habitação. A agricultura depende do degelo das geleiras na primavera. Com o recuo das geleiras, à medida que a neve diminui, a agricultura obviamente se torna menos sustentável. A situação ficará muito difícil no futuro."

Antes de sair da Índia, voei até a cidade de Jammu e peguei a autoestrada que passa pelas montanhas. O Estado indiano de Jammu e Caxemira pode ser dividido em três regiões básicas: Ladakh, onde a cultura tibetana é dominante; o Vale da Caxemira, região separatista de maioria mulçumana; e Jammu, uma área predominantemente hindu no sopé das montanhas que marca o início das planícies Punjabi. A região que estávamos cruzando se situa entre as mais calmas do Estado, mas a presença militar ainda era óbvia. Patrulhas de soldados se enfileiravam lado a lado. Longos comboios de caminhões verde-escuros povoavam a estrada. A paisagem era montanhosa. Riachos rochosos cortavam as encostas, de parca vegetação. A neve grudava nos campos. Quando as nuvens se abriam, revelavam picos riscados de pinheiros e neve.

Durante 60 anos, dizia-se que o conflito da Caxemira tinha origem na identidade. A região é importantíssima para as alegações da Índia como Estado secular, uma área estratégica da qual o país diversificado e faccioso não está disposto a abrir mão. Para o Paquistão, o vale é uma região predominantemente mulçumana, lutando pelo direito de se unir a uma nação formada em nome do islamismo. Mas por trás dos motivos racionais dos dois países, há uma preocupação mais estratégica. Oitenta por cento da agricultura do Paquistão depende dos rios que nascem na Caxemira.

Nos últimos anos, a escassez recorrente de água no país provocou escassez de grãos. Em 2008, a escassez de farinha e o aumento dos preços dos alimentos se transformaram em um problema nas eleições no Paquistão. O governo deslocou milhares de soldados para proteger os estoques de trigo. Para os líderes paquistaneses – que se referem à Caxemira como a "linha da vida" de seu país –, deixar a região em mãos indianas implica ceder o controle de suas águas a um país com o qual eles travaram quatro guerras. "Essa questão da água entre Paquistão e Índia é a chave do problema", disse Mohammad Yusuf Tarigami, um parlamentar de Caxemira. "Muito mais do que qualquer outra preocupação política ou religiosa, a água é a chave."

Em suas memórias, o general-de-divisão Akbar Khan, o líder paquistanês das tropas de choque que dominaram o oeste da Caxemira em 1947, citou explicitamente o controle das águas da região como um motivo para o ataque. "A economia agrícola do Paquistão dependia especialmente dos rios que nascem na Caxemira", escreveu Khan. "Qual seria nossa posição se [toda] a Caxemira estivesse em mãos indianas?"

Em 1990, nove anos antes de tomar o poder do Paquistão em um golpe militar, Pervez Musharraf, na época um brigadeiro que estudava no Royal College of Defence Studies em Londres, apresentou uma dissertação na qual analisava o relacionamento de seu país com a Índia. "O argumento diferia da posição adotada pelo governo paquistanês nos últimos 50 anos", escreveu Sundeep Waslekar, presidente do Grupo de Previsão Estratégica, entidade responsável por pesquisas com sede em Mumbai. "O debate público sempre girou em torno de problemas de terrorismo, direitos humanos e da legalidade da acessão. Nunca antes o conflito fora relacionado aos rios de Jammu e Caxemira. O brigadeiro (Musharraf) estava sugerindo que o segredo para a solução estava nos rios."

É um tema que ecoa entre os militantes que realmente lutam. "A água é uma espécie de ameaça existencial básica", disse Praveen Swami, jornalista indiano que se especializou na militância. "Entre os islamitas no Paquistão, é muito forte o sentimento de que a sobrevivência do islamismo depende da água na Caxemira." Em um artigo para o semanário *Frontline*, compilou trechos da imprensa Jihad do país. "As vastas terras agrícolas do Paquistão dependem inteiramente da grande quantidade de água dos rios que se origina na Caxemira." Swami citou o jornal militante islamita *Ghazwa*, dizendo: "Se a Índia conseguir privar o Paquistão desses recursos hídricos vitais, nada conseguirá impedir que as terras agrícolas do Paquistão se transformem em um deserto."

Meu destino era a represa de Baghliar, um grande projeto hidrelétrico no Rio Chenab que tem sido ponto de disputa entre a Índia e o Paquistão. Esperava-se que a represa, que deveria entrar em funcionamento em meados de 2008, mais que duplicasse a oferta de eletricidade da Caxemira – pelo menos durante os meses de verão. "Temos um recurso aqui que poderia transformar a Caxemira em Cingapura", disse-me Nisar Ali, catedrático de ciências sociais na University of Kashmir. "Temos muita água."

"Mas tenho uma observação em relação à engenharia", disse Ali. "Na Caxemira, dependemos da neve. A neve permanece nas montanhas e depois derrete. De maio em diante, nossos rios estão cheios; os níveis da água sobem; ela gera mais energia. Depois, de setembro até abril, o nível da água cai substancialmente."

Em 1960, na tentativa de abordar os problemas da água, a Índia e o Paquistão assinaram um tratado dividindo os seis afluentes que formam o Rio Indo. Os três braços que fluem pelo Punjab indiano ficaram com a Índia. O uso da água dos outros três – que atravessam o estado de Jammu e a Caxemira – foi reservado ao Paquistão. Estabeleceu-se um limite para a quantidade de terra que a Caxemira poderia irrigar. A criação de lagos reservatórios foi proibida. Definiram-se rígidos e estritos limites sobre como e onde a água podia ser armazenada. As usinas hidrelétricas teriam de se valer da força da corrente natural, independentemente das variações sazonais. "Se você precisa de 100 megawatts, tem de construir a usina para ter capacidade de gerar 300", explicou Ali. "Durante oito meses, a geração será reduzida a pelo menos um terço." No verão, o suprimento elétrico de Jammu e Caxemira é de mais ou menos 300 megawatts. No inverno, cai para mais ou menos 70 megawatts. Uma casa comum passa cerca de 16 horas sem eletricidade. O Estado é forçado a gastar milhões de dólares para comprar eletricidade da rede nacional. "Nosso governo calculou que temos 200 mil megawatts de potencial hidrelétrico", disse Ali. "Atualmente, utilizamos menos de 0,5% disso."

O aquecimento mudou a maneira como a água flui no vale. Todos com quem conversei em Jammu e Caxemira descreveram os invernos em épocas passadas como tendo sido muito mais frios. "Em janeiro, costumava ser muito raro chover na Caxemira", disse Arjimand Hussain Talib, autor de um relatório sobre mudança climática para a ActionAid, grupo internacional de ajuda humanitária. "Hoje é comum. Nessa época, teríamos uma boa quantidade de neve."

Na ausência de bons dados meteorológicos, Talib reuniu registros de várias fontes governamentais. Os relatórios sobre fechamento de estradas e de compensação por danos relacionados à neve sustentavam indícios de invernos com muito mais neve. Áreas em que as nevascas antes chegavam em média a 60 ou 90cm agora estavam vazias. A região recebe menos de 50% da neve que recebia há 40 anos. Quando a neve cai, raramente permanece. As geleiras estão retrocedendo ou desaparecendo. A neve mudou de lugar. A quantidade de neve que antes durava até o verão derrete antes de as flores terem tempo de se abrir em botão. Talib acabara de voltar de uma visita a Gulmarg, uma estação de esqui que ficava a cerca de uma hora de Srinagar. Ele usou um teleférico para ir até o alto, onde descobriu que a neve estava derretendo. "Pingava das casas e das árvores", relatou.

Talib não encontrou indícios de que o nível pluviométrico na Caxemira tenha mudado, mas as pessoas da região relataram que o nível das torrentes de água e dos rios tinha diminuído. A neve e o gelo não estão mais funcionando como reservatórios naturais, descongelando apenas a tempo para a estação de plantio. Quase 70% das nascentes e dos lagos naturais que Talib pesquisou estavam secos durante os meses de verão. "Agora mesmo, deveria haver água neles", disse. "Mas nossa principal estação de crescimento vai de maio a novembro. Nessa ocasião, as águas já desapareceram." Em fevereiro de 2007, a neve derretida associou-se à chuva pesada e arruinou as encostas das montanhas. Deslizamentos de terra enterraram a autoestrada nacional – a única ligação entre Srinagar e o restante da Índia – durante 12 dias. As águas da chuva fizeram transbordar os rios Jhelum e Chenab. As inundações fizeram quatro vítimas fatais. A água antes usada para a irrigação no verão e para a produção de eletricidade nas hidrelétricas estava desaparecendo nas enchentes de verão.

"Não podemos desenvolver indústrias porque não há eletricidade", explicou Ali. "Não podemos desenvolver a agricultura comercial. Não há eletricidade, o que impossibilita a mecanização. As oportunidades de emprego diminuem. As oportunidades de investimento diminuem. É o tipo de coisa que causa conflitos. Nas eleições de 1986, havia alegações de agiotagem que provocaram luta armada, mas as sementes já haviam sido semeadas na economia. O gatilho era político, mas se a economia estivesse equilibrada talvez houvesse motivos para explodir."

Os funcionários públicos indianos encarregados da represa de Baghliar se recusaram a me deixar visitar o local, por isso só consegui ver o projeto de fora, a partir da estrada. Parecia um dente gigante, riscado pela chuva, cravado em um vale estreito entre as paredes escarpadas de um desfiladeiro. Uma base militar indiana em uma cidade próxima incluía edifícios administrativos, um hospital e um heliporto. O Paquistão se opõe ao esquema hidrelétrico e a outros projetos como esse, temendo que eles proporcionem à Índia a capacidade de semear instabilidade, reduzir seu suprimento de água ou, em um confronto militar, espalhar as águas da chuva pelos campos do país. "Em uma situação de guerra, a Índia poderia usar o projeto como uma bomba" – foi a descrição da situação por um jornalista que cobria a construção.

Para a Caxemira, a mudança climática significará queda em sua já pobre produção de eletricidade. No Paquistão, que usa 96% de sua água para a agricultura, a interrupção no suprimento de água poderia levar facilmente à fome. Em 2000, a quantidade de água disponível no país por pessoa/ano era de quase 3 mil m^3, de acordo com o Banco de Desenvolvimento da Ásia. Em 2007, estava em torno de apenas 1 mil m^3, o ponto além do qual a escassez de água "ameaça a produção, provoca retração econômica e danifica os ecossistemas".

Desde 2000, a escassez de água começou a causar problemas nas relações entre as províncias paquistanesas de Punjab e Sindh, de acordo com o Grupo de Previsão Estratégica. As duas regiões entraram em conflito sobre a administração da escassez de água. Durante as estações de secas, a porção de água para irrigação de Sindh sofreu uma redução de mais de 25% por ano. "Há muitos problemas de divisões étnicas no Paquistão", analisa Nils Gilman, analista da Global Business Network, empresa de consultoria estratégica com sede em San Francisco. "Agora tente imaginar jogar os problemas do manejo da água no meio dessa confusão. Isso poderia se tornar uma questão muito mais tóxica entre as pessoas que vivem na parte de baixo do vale e as da parte de cima. A questão é a seguinte: será que o exército paquistanês conseguirá administrar esses tipos de tensões internacionais? Eu não apostaria muito nisso."

A mudança climática exacerbará tensões a respeito da água no mundo inteiro. Peru, Equador, Bolívia e outros países da América Latina dependem do escoamento glacial para ter água potável para beber. A Austrália vem sendo assolada por terríveis secas. No oeste dos Estados Unidos, a redução dos níveis de neve, associada à seca, poderia aumentar a frequência de escassez de água, em especial durante os meses de verão, quando a demanda aumenta. O Rio Colorado poderia perder até um terço de seu fluxo nos próximos 50 anos. Um estudo apresenta até mesmo as chances de, até 2017, as águas do Lago Mead estarem baixas demais para suprir a represa de Hoover.

    Na Ásia, um dos países que será mais afetado é a China, onde a quantidade de água disponível por pessoa já é inferior a um quarto da média mundial. Pequim começou a desviar a água que corre do platô tibetano para as regiões ocidentais. Os quase 500km de túneis serão um dos feitos tecnicamente mais desafiadores e custarão mais do que os US$25 bilhões que custaram a maior represa hidrelétrica do mundo, a Three Gorges Dam. Os relatos de que a China incluirá as águas superiores do Bramaputra, divulgados por um grupo de autoridades chinesas aposentadas em um livro chamado *Tibet's Waters Will Save China* [As águas do Tibet salvarão a China], deixaram a China em pânico. Rapidamente, as autoridades chinesas descartaram o plano – como dispendioso demais, difícil demais e controvertido demais –, mas a construção de uma represa hidrelétrica no lado chinês da fronteira causou preocupação em Déli.

Densamente povoado, amplamente empobrecido, geograficamente exposto e geopoliticamente crítico, o sul da Ásia pode ser a região em que a mudança climática tem a chance de causar as maiores catástrofes. O mundo permitiu que o conflito de Darfur se desenrolasse na esperança desesperada de que a tragédia se resolva sozinha. Mas o que acontece quando as mesmas forças se instalam em uma região que não podemos nos dar ao luxo de ignorar?

    No caso de uma repentina inundação cataclísmica em Bangladesh, a comunidade internacional terá de lidar com a emergência humanitária, na qual 10 milhões de refugiados fugirão para a Índia, Mianmar, China e Paquistão. "Você precisa se perguntar, para onde vai essa população?", pergunta Anthony Zinni, ex-chefe do Comando Central dos Estados Unidos, que supervisiona as operações militares na África Oriental, Oriente Médio e Ásia Central. "Qual será o alcance dos problemas humanitários que terão de ser administrados? Milhões de pessoas poderiam ser afetadas. Que pressões de segurança elas imporão à Índia?"

As Forças Armadas dos Estados Unidos vêm atuando cada vez mais em resposta aos desastres naturais. Assumiu a liderança na tsunami no Natal de 2004, no Oceano Índico, quando mais de 15 mil membros das Forças Armadas, 25 navios e 94 aviões levaram água, alimentos e suprimentos à população poucos dias depois da tragédia. Mais tarde, naquele mesmo ano, quando um terremoto atingiu o Paquistão, os Estados Unidos enviaram mais de mil pessoas para ajudar no esforço humanitário. Os helicópteros entregaram mais de 4.500kg de suprimentos e evacuaram mais de 15 mil pessoas.

À medida que os desastres causados pelo clima começam a ocorrer com maior intensidade e frequência, os Estados Unidos terão de decidir até que ponto vão querer responder e começar a traçar estratégias para fazê-lo. "A resposta à tsunami serviu como uma espécie de protótipo para o papel dos Estados Unidos em situações extremas de desastre", disse Peter Ogden, analista de segurança natural do Center for American Progress. "Nossas Forças Armadas têm essa capacidade. Embora muitos outros países tenham se dedicado ao trabalho, em última análise, foram os Estados Unidos que conseguiram realmente se organizar rápido o suficiente para realizar a operação."

"Qual é sua capacidade de atuar em uma área com infraestrutura muito fraca – portos, aeroportos, coisas necessárias? Como se controla uma situação se as instituições que oferecem segurança foram embora ou eliminadas? Tivemos uma pequena amostra disso nos Estados Unidos, durante o Katrina. A força policial falhou. Tivemos grandes problemas de lei e ordem. Isso será muitas vezes pior no ambiente do Terceiro Mundo. Se as instituições falham, nossas responsabilidades podem ir além de uma missão humanitária e se tornar uma tarefa de reconstrução total."

Embora os Estados Unidos possam optar por não responder a todas as emergências causadas pelo clima, há pouca chance de que consiga ficar indiferente diante de um desastre de proporções inéditas em Bangladesh. Como o maior gerador de gases de efeito estufa e talvez o único país logisticamente capaz de colocar suas tropas em alerta em inundações e miséria, a superpotência mundial sofrerá fortes pressões internacionais e internas para reagir. A questão seria: Será que as Forças Armadas estão preparadas para dispor de suas tropas de maneira que não comprometa sua segurança ou outras responsabilidades?

"Agora mesmo, os Estados Unidos não seriam capazes, do ponto de vista prático, de fornecer um grande número de tropas se fosse necessário agir em uma situação semelhante à da tsunami", disse Ogden. "Vamos chamar as pessoas que acabaram de chegar do Iraque para uma quarta convocação e enviá-las de volta para além-mar? Será difícil ver como isso aconteceria politicamente." A resposta à tsunami de 2004 ocorreu em um ambiente inteiramente receptivo ao envolvimento americano. Mas nada garante que, na eventualidade de uma nova convocação, as tropas não se deparem com elementos ansiosos para abrir foco no pessoal de resgate. "Essas são questões que precisam ser levadas em consideração", disse Ogden. "O que uma situação como essa exigiria? Será treinar as tropas para cenários como esse, para colocá-las em ação e mantê-las a salvo e, ao mesmo tempo, operar junto à população civil?"

"Temos de nos perguntar sobre nossa Guarda Nacional, a relação entre resposta a desastres nacionais e internacionais", questiona Ogden. "Não que os Estados Unidos vão se isolar dos impactos da mudança climática. Talvez tenhamos a capacidade ou a resiliência em função de nossa riqueza e tecnologia, mas desde que estejamos preparados para isso. Não podemos nos dar ao luxo de não estar prontos em casa."

Tampouco as ameaças geradas pelas mudanças climáticas serão confinadas às ações humanitárias. O conflito relativo à Caxemira tornou-se especialmente perigoso quando o Paquistão e a Índia testaram armas nucleares, em 1998. O general Anthony Zinni estava encarregado do Comando Central dos Estados Unidos no ano seguinte quando um avanço do Paquistão nas geleiras de Caxemira quase se transformou em guerra. "O conflito começou a se agravar, quase uma primeira guerra mundial", disse Zinni. "Eles estavam prontos a iniciar uma guerra." Havia muito em jogo. Os dois lados têm um número limitado de armas. Uma guerra nuclear não garantiria a destruição mútua. Os tempos de resposta seriam medidos em minutos. Em qualquer confronto, haveria uma grande tentação de atacar primeiro. "Além disso, há um desequilíbrio de forças", continuou Zinni. "É preciso levar o Paquistão a tomar uma decisão rápida, em situações limítrofes. Não podemos nos dar ao luxo de ter tempo se as coisas explodirem." Em 2000, Bill Clinton, então presidente dos Estados Unidos, descreveu a linha de cessar-fogo que divide Caxemira como "o lugar mais perigoso do mundo".

Enfraquecida pelas tensões e os desastres humanitários provocados pela inundação e pela fome em Bangladesh, oprimida pela China, com seus suprimentos de água ameaçados, a Índia enfrentará um vizinho cada vez mais desesperado e perigoso. O Tratado de Águas do Indo sobreviveu a três guerras e quase 50 anos. Muitas vezes, é citado como um exemplo de como a escassez de recursos pode levar à cooperação, e não ao conflito. Mas seu sucesso dependia da manutenção de um *status quo* que irá se romper à medida que o mundo se aquecer: enquanto a Índia não bloqueou os rios, o Paquistão conseguiu irrigar seus campos. "A bacia do Indo será uma das primeiras afetadas pela mudança climática", disse B. G. Verghese, especialista em recursos hídricos no Centre for Policy Research em Déli. "O Paquistão precisará de mais reservatórios. Os locais reservatórios de água no Paquistão são muito limitados e praticamente já exploraram o que têm. Os outros estão em território controlado pela Índia."

À medida que as geleiras derretem e os rios secam, o Paquistão – instável, enfrentando grande escassez de água, enjaulado pelas forças convencionais superiores da Índia – será forçado a fazer uma das três opções a seguir. Pode deixar o povo passar fome. Pode cooperar com a Índia na construção de represas e reservatórios na região da Caxemira, entregando o controle de suas águas ao inimigo. Ou pode, de algum modo, aumentar o apoio à rebelião, em um jogo arriscado, capaz de causar uma guerra que poderia fugir rapidamente ao controle. "A ideia de ceder território para a Índia é condenável", disse Sumit Ganguly, professor de Ciência Política na Indiana University que estudou o conflito. "O sofrimento, especialmente para a elite, é inaceitável. Então qual é a outra opção? Aumentar progressivamente."

"É uma péssima notícia", disse. "A perspectiva é assustadora."

CONCLUSÃO

Em um dia chuvoso, no leste de Uganda, segui um grupo de fazendeiros que subiam uma montanha por uma ladeira bastante íngreme. Meus pés, molhados, escorregavam na lama vermelha ao subirmos em fila indiana, empunhando guarda-chuvas tremulantes sob pesadas nuvens. Foi um dos lugares mais belos que já vi na vida. Vacas pastavam nas encostas, debaixo das folhas enormes das bananeiras. No ar, pairava o cheiro de terra molhada.

Nossa caminhada terminou à entrada do Parque Nacional de Monte Elgon, Uganda, local escolhido para um projeto de replantio de árvores destinado a combater o aquecimento global pela captura dos gases de efeito estufa da atmosfera. Uma ONG estava reflorestando o perímetro do parque, ganhando créditos de carbono, os quais, então, vendia aos passageiros de companhias aéreas que quisessem compensar suas emissões. A receita estava sendo usada para plantar outras árvores. Teoricamente, todos saíam ganhando. O ar ficava mais limpo, os viajantes se sentiam menos culpados e os ugandenses ganhavam um parque maior.

Porém, no lugar da floresta, enfileiravam-se pés de milho e vagem recém-plantados. Os fazendeiros com quem eu subira a montanha haviam vivido bem dentro da área reflorestada. Revoltados porque seus campos lhes haviam sido tomados, lutavam contra a expulsão com processos judiciais e facões. Quando os tribunais lhes concederam uma injunção contra futuras desapropriações, eles a interpretaram como uma permissão para limpar a terra que consideravam sua por direito. Atrás da coluna de concreto que deveria marcar a extremidade do parque, havia apenas a sobra dos tocos – tudo que restara das árvores destinadas a absorver o dióxido de carbono.

Os maiores desafios na luta contra a mudança climática serão os inúmeros casos nos quais os esforços para reduzir os gases de efeito estufa forem contrários aos interesses locais. Os fazendeiros de Monte Elgon se beneficiam tanto quanto qualquer outra pessoa da mitigação da mudança climática. Como cidadãos de um país que faz fronteira com o Sudão, plantando em uma área propensa a secas, vivendo em um continente particularmente vulnerável a mudanças climáticas, eles ficarão especialmente expostos aos estragos causados pelo aquecimento global. No entanto, os ganhos do reflorestamento estão distribuídos ao redor do mundo, aliviando minimamente as consequências da mudança climática para todos. O problema foi que, para os fazendeiros, o benefício era pequeno demais para compensar a perda de suas terras.

Seu cálculo não era muito diferente daqueles que fazemos quando compramos um carro maior ou deixamos o ar-condicionado ligado em potência máxima o dia inteiro. Exceto pelo fato de que, enquanto nossas decisões estão relacionadas a questões de luxo, para eles era uma questão de sobrevivência. O carbono que produzimos se acrescenta imperceptivelmente a uma carga que todos nós compartilharemos. Mas os sacrifícios que teremos de fazer para reduzir as emissões de gases de efeito estufa parecem ser unicamente nossos.

As consequências do aquecimento global descritas neste livro podem ser alarmantes, mas não se destinam a ser alarmistas. Algumas já ocorreram e outras podem ser inevitáveis. Mesmo que começássemos imediatamente a parar de lançar carbono, a temperatura da Terra continuará aumentando durante décadas, à medida que o clima vai buscando um novo equilíbrio. O aquecimento global está colocando o planeta inteiro sob pressão e os primeiros a sentirem seus efeitos são aqueles que estiverem em lugares onde até mesmo uma pequena mudança é suficiente para fazer uma grande diferença. O gelo do Ártico está dando lugar ao oceano aberto. As geleiras estão derretendo mais rápido. Tempestades mais fortes espalham o medo nas regiões costeiras. Os ecossistemas migram lentamente para o norte. Epidemias assolam regiões que antes eram frias demais para doenças tropicais.

Mesmo nos estágios iniciais, os impactos da mudança climática serão absolutamente negativos. Por definição, somos adaptados ao meio em que vivemos, até aos mais agrestes. Os Inuit dependem dos mares congelados para alcançar seus territórios de caça tradicionais. Os fundadores das cidades costeiras não se planejaram para a elevação dos níveis do oceano. As planícies do Punjab tornaram-se a principal fonte de alimentos do sul da Ásia exatamente porque os agricultores da região podiam depender de um fluxo uniforme de derretimento glacial. Os melhores vinhos vêm das videiras plantadas em climas perfeitos.

Os efeitos do aquecimento global se farão sentir mais fortemente nos lugares menos capazes de se adaptar. A Holanda e Bangladesh enfrentaram um desafio em comum. A maior parte da terra nos dois países encontra-se próximo ou abaixo do nível do mar. Mas enquanto os holandeses estão reforçando seus diques e projetando casas flutuantes que se elevem junto com as enchentes, tudo que os habitantes de Bangladesh podem fazer é preparar-se para fugir para terras mais altas. É muito pouco provável que as secas que assolam a Austrália provoquem conflitos internos. Seu governo pode se dar ao luxo de gastar bilhões em plantas de dessalinização movidas à energia eólica e solar. Enquanto isso, os paquistaneses, cujo suprimento de água depende do degelo das geleiras, nada poderão fazer, exceto sofrer com sua escassez.

A seca que preparou o palco para o conflito em Darfur afetou uma grande região ao sul do Saara, mas nem todos os países afetados estão tão vulneráveis aos conflitos internos quanto o Sudão. As tensões entre fazendeiros e nômades também aumentam em Gana, mas é pouco provável que esse país chegue perto dos níveis de violência que irromperam em Darfur. A seca, em si, não criou o pesadelo de Darfur. Foi necessário também um governo insensível em Cartum, uma rebelião desorganizada e fragmentada e a indiferença do mundo. De modo análogo, o degelo das calotas polares não tinha necessariamente de causar conflitos no norte. Se a abertura do Ártico não tivesse coincidido com o aumento no custo das *commodities* e a implementação de um tratado dividindo os oceanos, o mundo poderia ter escolhido uma abordagem mais cooperativa.

A África, a América do Sul e a Ásia serão mais afetadas do que os Estados Unidos, a Austrália e a Europa. Em Darfur, uma longa seca foi o que bastou para transformar um incêndio em um inferno. Em outras regiões, os fatores desencadeadores serão outros. A queda nos níveis dos rios levará à competição pela água. As colheitas sofrerão as consequências dos invernos mais brandos, que disseminarão pestes típicas de climas mais quentes. Os países ricos poderão absorver melhor os choques nos preços dos alimentos, reagir melhor quando os furacões chegarem às suas costas, adaptar-se à escassez de água, conter surtos de doenças à medida que essas ampliarem sua área de alcance. Em um primeiro momento, os países desenvolvidos só sentirão as pressões da mudança climática em segunda mão, à medida que suas vítimas começarem a desembarcar em suas terras.

Determinar com exatidão a data e o local desses eventos futuros é como tentar prever que onda derrubará um castelo de areia. Grande parte do que sabemos sobre mudança global vem de modelos computacionais sobre a atmosfera da Terra, cobertura vegetal e oceanos. Os melhores incluem tudo que se sabe hoje sobre a interação entre esses três fatores. Em que condições se formam as nuvens? Que percentual dos raios solares é refletido pela cobertura florestal em comparação com as areias do deserto? Quais as diferenças na condução do calor em campos abertos e cidades das ruas? Com que eficácia as raízes das árvores retêm a água dos lençóis subterrâneos? Na tela do computador, é possível observar a passagem dos meses. Padrões de precipitação e temperatura varrem os continentes como bandeiras em uma tempestade.

No entanto, há limites à precisão do modelo. Mesmo os mais avançados conseguem reproduzir a Terra apenas em resoluções de aproximadamente 100km. Padrões climáticos menores – nuvens, rios, redemoinhos marinhos – precisam ser aproximados, bem como parâmetros físicos como a refletividade da areia ou a velocidade na qual os oceanos conduzem calor. O resultado é um grupo de programas, cada um com características próprias. Quando comparado a dados históricos, um modelo pode subestimar a diminuição das chuvas na Amazônia. Outro poderia exagerar as temperaturas na Ásia Central ou errar na caracterização dos padrões de chuva no Oceano Índico. Mesmo que começássemos com um modelo que reproduzisse exatamente a Terra, no final, não acertaríamos com precisão. Assim como as pequenas manobras com as quais acertamos a bola no fliperama decidem o resultado final do jogo, pequenas diferenças nas temperaturas iniciais e nos padrões de chuva podem gerar resultados muito distintos. É o famoso bater das asas de uma borboleta no Brasil. Bastam algumas frações de um grau a menos no Tibet para vermos uma seca na Austrália.

Para eliminar esses obstáculos, os cientistas rodam vários modelos diversas vezes e calculam a média dos resultados. Esses resultados compostos nos oferecem uma boa ideia de como o mundo vai mudar. Qual será o aumento nas temperaturas do planeta se dobrarmos a quantidade de carbono na atmosfera? O que acontecerá com as moções asiáticas? Quanto os oceanos se elevarão? No entanto, há uma fonte de incerteza que nenhum computador, por mais potente que seja, pode eliminar: Quanto de carbono lançaremos no ar? Será que conseguiremos controlar nossas emissões?

Em certo sentido, este livro é um exercício de otimismo. Qual será o significado do aquecimento global para o mundo? Depende da seriedade de nossas medidas para combatê-lo. O Painel Intergovernamental sobre Mudanças Climáticas, coalizão de cientistas que ganhou o prêmio Nobel, prevê que, dependendo da quantidade de carbono liberada na atmosfera, até o fim do século as temperaturas globais se elevarão entre 1,2 e 6°C. Por outro lado, durante a última Era do Gelo, quando as geleiras encobriram os Grandes Lagos e cobriram a Europa de gelo, estendendo-se até o norte da França, a temperatura média do planeta era apenas 6°C mais fria do que a atual.

O economista Nicholas Stern calculou que o custo das medidas para lidar com a mudança climática agora seria de apenas 1% do PIB global, comparado aos danos que poderiam encolher a economia mundial até um quinto de seu tamanho. Sua proposta ambiciosa, considerada a melhor que provavelmente veremos, almeja frear o aquecimento em aproximadamente 1,5°C, o suficiente para causar a maior parte das mudanças apresentadas neste livro. Em outras palavras, os cenários descritos nos capítulos anteriores poderiam ser os melhores que podemos esperar até mesmo de acordo com os pressupostos mais otimistas.

O nível de aquecimento proposto por Stern também é considerado o ponto além do qual o aquecimento global se arrisca a fugir ao controle. Depois disso, a Terra começa a passar por mudanças que perpetuam a elevação das temperaturas. Solos mais quentes se decompõem mais rapidamente, liberando dióxido de carbono e metano. Oceanos mais quentes absorvem menos. O degelo das geleiras libera o equivalente a milênios de metano que antes estavam presos nos "poços" em seu interior. No Polo Norte, o branco do gelo já está abrindo caminho para águas escuras; os mares estão absorvendo mais luz solar. A cada mudança, os processos se acumulam, o aquecimento se acelera e muito pouco se pode fazer para retardar sua velocidade.

Prever exatamente o que nos aguarda se o mundo trilhar esse caminho sem volta está muito além do escopo deste livro, mas as previsões vão de perturbadoras a aterrorizantes. Obviamente, o planeta está acostumado a variações extremas de temperatura. Há cerca de 10 milhões de anos, havia na Groenlândia crocodilos, insetos gigantes e samambaias tropicais. Mesmo mais recentemente, há 500 mil anos, o Ártico poderia ser coberto por uma floresta exuberante. Mas vale a pena lembrar que os seres humanos desenvolveram a agricultura somente há 10 mil anos e que os milênios que transcorreram de lá para cá provavelmente foram os mais estáveis que o mundo já viu. A temperatura global média nunca sofreu uma mudança duradoura de muito mais que 1 ou 2 graus, a mais ou a menos.

Há quem preveja que, se não agirmos agora e começarmos a controlar nossas emissões, os níveis do mar poderiam subir até 18m até o final deste século, o que deixaria debaixo d'água cidades como Nova York, Londres, San Francisco e diversas outras cidades costeiras. O degelo das geleiras da Groenlândia poderia impedir o fluxo de águas mornas da Corrente do Golfo, fazendo a Europa ficar coberta de gelo. Secas devastariam o oeste americano. Extinções em massa poderiam varrer o globo, à medida que os ecossistemas não conseguissem mais se adaptar às rápidas elevações de temperatura. "Se não fizermos nada para deter o ritmo da mudança climática, veremos o mundo mostrado no filme 'Mad Max', só que mais quente, sem praias, e talvez ainda mais caótico", diz um relatório conjunto elaborado pelo Center for Strategic and International Studies e o Center for a New American Security. "Ainda que essa caracterização possa parecer extremista, uma análise cuidadosa e minuciosa de todas as diversas possíveis consequências associadas à mudança climática global é profundamente inquietante. O colapso e o caos associados a futuros de mudança climática extrema desestabilizarão praticamente todos os aspectos da vida moderna. A única experiência comparável para muitos do grupo foi considerar o que o resultado de um conflito nuclear poderia ter provocado no auge da Guerra Fria."

Há quem culpe pequenas mudanças naturais no clima local pela queda dos Maias e dos Anasazi. Embora a sociedade moderna seja muito mais avançada e adaptável, talvez estejamos entrando em um período de fluxo nunca visto antes pela civilização humana.

Infelizmente, é muito pouco provável que a batalha contra a mudança climática seja ganha com medidas que se paguem. As novas tecnologias podem suportar parte dessa carga, mas a solução do problema depende também da mudança de comportamento. As forças de mercado podem ter o poder de estimular a inovação, mas apenas se houver regulamentações governamentais que realmente atribuam um preço ao carbono. Por definição, os custos terão de ser elevados, ou não fará diferença alguma. Longe das grandes metrópoles, praticamente todas as construções levantadas nos últimos 50 anos foram feitas para um mundo no qual passamos horas por semana dentro dos automóveis. Mesmo que o preço da gasolina aumente de modo assustador, nossas cidades simplesmente não foram projetadas para o transporte em massa.

Tampouco a redução das emissões é uma questão de usar menos o carro. Praticamente tudo que fazemos, desde usar o micro-ondas e comprar uma casa maior a abrir uma latinha de cerveja, é responsável pela liberação de carbono na atmosfera. Praticamente metade da eletricidade usada nos Estados Unidos é produzida por meio da queima de carvão. A fabricação de cimento – necessário aos edifícios, estradas e sistemas de esgoto – produz uma quantidade substancial de gases de efeito estufa. A produção em massa, o motor da globalização, depende de combustível barato para o transporte de mercadorias até locais distantes. Até mesmo os alimentos que comemos depende da agricultura mecanizada e de fertilizantes à base de petróleo.

Nossa janela de oportunidade é pequena, não apenas porque os gases de efeito estufa estão se acumulando a níveis perigosos, mas também porque o problema vem se tornando cada vez mais global. Até 2015, espera-se que os países desenvolvidos produzam mais da metade das emissões do mundo. Qualquer solução exigirá a cooperação da Índia, da China e de outros países nos quais estabilizar o nível de emissões poderia equivaler a aceitar a pobreza. Para os habitantes dos países industrializados, reduzir as emissões de carbono significa aceitar limites ao atual estilo de vida. Para os pobres do mundo, como vi quando subi o Monte Elgon com os agricultores ugandenses, reduzir as emissões significa sacrificar seu meio de vida, ou até mesmo sua vida.

Para conseguir a adesão das pessoas nos países em desenvolvimento, é preciso reconhecer que eles também têm o direito de usar automóveis, acender as luzes de casa e ter suas fábricas. Exigirá também que comecemos a agir logo, e com medidas radicais. Como os defensores dos pobres do mundo gostam de observar, os países industrializados são responsáveis pela maior parte do carbono na atmosfera. Se os povos mais ricos do planeta não fizerem sacrifícios para lidar com o problema, qual é a chance de o resto do mundo fazer?

Durante as pesquisas que fiz para elaborar este livro, voei quase 100 mil km, liberando na atmosfera cerca de 12 toneladas de dióxido de carbono. Somente nos voos, fui responsável por emitir cerca de nove vezes a quantidade média que uma pessoa emite por ano. Como os pesquisadores amazonenses que voaram para uma conferência sobre mudança climática em Bali ou os cientistas que utilizam motores a diesel no navio quebra-gelo canadense, coloco minhas necessidades em primeiro lugar. O mundo pode ter aberto os olhos para a mudança climática, mas ainda estamos longe de adotar medidas eficazes. Somos como o médico que dá uma tragada no cigarro, folheando uma publicação sobre câncer de pulmão e esperando que não aconteça conosco.

E, exatamente como o cigarro, as escolhas que fazemos hoje determinam nosso futuro. O dióxido de carbono permanece na atmosfera durante décadas. Os efeitos que estamos vendo hoje são, em grande parte, resultado dos gases emitidos no ar durante a administração Kennedy. O ritmo das emissões globais não diminuiu. Está se acelerando. Como observa o jornalista britânico Mark Lynas, a cada vez que respiramos, estamos inalando mais carbono do que qualquer outro ser humano já inalou na história da evolução. As pressões climáticas estão se acumulando e dificultarão ainda mais a resolução das causas básicas do aquecimento global. Em meio a secas, conflitos, tensões migratórias, crises internacionais e desastres humanitários, que tempo temos para o complicado desafio de reduzir as emissões de carbono? Os gases de efeito estufa que liberamos hoje moldam o mundo do futuro. Não podemos nos dar ao luxo de esperar que desastres devastadores nos aterrorizem para só então começar a agir.

NOTAS

As informações contidas nos capítulos anteriores foram extraídas basicamente de entrevistas, mas incluem também material retirado de livros, relatórios de pesquisas e relatos na mídia. A lista a seguir não pretende ser exaustiva, mas espero que sirva como ponto de partida para os leitores que quiserem se aprofundar no assunto.

INTRODUÇÃO

Para consultar as investigações mais profundas do debate a respeito do aquecimento global e seus impactos no meio ambiente, vide Elizabeth Kolbert, *Field Notes from a Catastrophe: Man, Nature, and Climate Change* (Bloomsbury USA, 2006), Tim Flannery, *The Weather Makers: How Man Is Changing the Climate and What It Means for Life on Earth* (Atlantic Monthly Press, 2006 e Al Gore, *Uma verdade inconveniente: O que devemos saber (e fazer) sobre o aquecimento global* (Editora Manole, 2006).

Chris Mooney, *Storm World: Hurricanes, Politics, and the Battle Over Global Warming* (Harcourt, 2007) fala sobre o debate. Em *Climate Change: What It Means for Us, Our Children, and Our Grandchildren* (org. Joseph F. C. DiMento e Pamela M. Doughman [MIT Press, 2007]), o capítulo de autoria de Naomi Oreskes, "The Scientific Consensus on Climate Change: How Do We Know We're Not Wrong", explica por que praticamente todos os cientistas acreditam que nossas emissões estão aquecendo a Terra.

CAPÍTULO 1

Este capítulo originou-se de um artigo intitulado "The Real Roots of Darfur", que escrevi para o periódico *Atlantic* (em abril de 2007). Inclui também relatórios que preparei para as reportagens publicadas na *Time:* "Nightmare in the Sand", 9 de maio de 2004, e Simon Robinson, "The Tragedy of Sudan", 16 de setembro de 2004.

Alex de Waal descreve o encontro com o Xeique Hilal Abdalla em "Counter-Insurgency on the Cheap", *London Review of Books,* 5 de agosto de 2004, e em um livro em coautoria com Julie Flint: *Darfur: A Short History of a Long War* (Zed Books, 2008).

A história das crescentes tensões em Darfur é descrita em "Darfur Rising: Sudan's New Crisis", 25 de março de 2004, relatório preparado pelo International Crisis Group.

A descrição de Bahai por Tim Burroughs foi publicada em Scott Baldauf, "Sudan: Climate Change Escalates Darfur Crisis", *Christian Science Monitor*, 27 de julho de, 2007.

A associação entre o aquecimento dos oceanos e a seca em Darfur é explicitada em Alessandra Giannini et al., "Oceanic Forcing of Sahel Rainfall on Interannual to Interdecadal Time Scales", *Science* 302 (2003), e em Michela Biasutti e Alessandra Giannini, "Robust Sahel Drying in Response to Late 20th Century Forcings", *Geophysical Research Letters* 33, L11706 (2006).

David D. Zhang et al. exploram a correlação entre a temperatura anual média e as guerras na China antiga em "Climate Change and War Frequency in Eastern China over the Last Millennium", *Human Ecology* 35 (2007).

Em "Impacts of Climate Change: A Systems Vulnerability Approach to Consider the Potential Impacts to 2050 of a Mid-Upper Greenhouse Gas Emissions Scenario" (janeiro de 2007), Nils Gilman, Doug Randal e Peter Schwartz, da Global Business Network, expõem sua abordagem para prever os efeitos da mudança climática.

A International Alert oferece sua lista de possíveis pontos de conflito em Dan Smith e Janani Vivekananda, *A Climate of Conflict: The Links Between Climate Change, Peace and War* (International Alert, 2007).

Os comentários de L. K. Christian, representante de Gana nas Nações Unidas, são relatados em um *press release* do Conselho de Segurança das Nações Unidas, "Security Council Holds First-Ever Debate on Impact of

Climate Change on Peace, Security, Hearing Over 50 Speakers", 17 de abril de 2007.

As associações entre degradação ambiental e conflito são apresentadas por Thomas Homer-Dixon em *Environment, Scarcity, and Violence* (Princeton University Press, 2001) e *The Upside of Down: Catastrophe, Creativity, and the Renewal of Civilization* (Island Press, 2008).

Em um relatório de 1998 para a Canadian International Development Agency, Philip Howard analisou as problemáticas condições ambientais hai-tianas: "Environmental Scarcities and Conflict in Haiti: Ecology and Grievances in Haiti's Troubled Past and Uncertain Future".

O destino das aldeias que hoje se encontram sob o Lac de Péligre é descrito por Tracy Kidder em *Mountains Beyond Mountains: The Quest of Dr. Paul Farmer, a Man Who Would Cure the World* (Random House, 2003).

O Programa das Nações Unidas para o Meio Ambiente (PNUMA) estabelece uma conexão entre mudança climática e Darfur no relatório "Sudan: Post-Conflict Environmental Assessment" (2007). O secretário-geral das Nações Unidas, Ban Ki-moon, expõe a questão no editorial "A Climate Culprit in Darfur", *Washington Post*, 16 de junho de 2007.

CAPÍTULO 2

Os perigos do aquecimento global para os corais estão descritos em "Coral Reefs and Global Climate Change: Potential Contributions of Climate Change to Stresses on Coral Reef Ecosystems", relatório de 2004 de autoria de Robert W. Buddemeier, Joan A. Kleypas e Richard B. Aronson para o Pew Center on Global Climate Change.

O Grupo de Trabalho do Painel Intergovernamental sobre Mudança Climática resume o consenso científico sobre furacões no capítulo 3 de seu relatório, "Climate Change 2007: The Physical Science Basis" (2007). A elevação do nível do mar é abordada no Capítulo 5.

A resseguradora Swiss Re analisa as tempestades de 2004 em "Hurricane Season 2004: Unusual, but Not Unexpected" (2006), e a inundação de Nova Orleans é analisada pela empresa de modelagem de risco RMS em "Hurricane Katrina: Profile of a Super Cat: Lessons and Implications for Catastrophe Risk Management" (2005).

O impacto do aquecimento global sobre os detentores de apólices é explorado por Evan Mills et al. em "Availability and Affordability of Insurance Under Climate Change: A Growing Challenge for the U.S." (2005), e Mills examina o destino do setor em "Insurance in a Climate of Change", *Science* 309 (2005).

Warren Buffett expressou suas preocupações a respeito do aquecimento global em uma carta de 1992 aos acionistas de sua holding, a Berkshire Hathaway.

Michael Treviño, porta-voz da Allstate, defende os cancelamentos de sua empresa em Karen Breslau, "The Insurance Climate Change", *Newsweek*, 13 de novembro de 2007.

Um habitante de Key West lamenta a perda de sua comunidade em Jennifer Babson, "Insurance-Rate Hike Causes a Windstorm of Anger and Action", *Miami Herald*, 9 de abril de 2006.

Douglas Brinkley relata o problema de Nova Orleans em *The Great Deluge: Hurricane Katrina, New Orleans, and the Mississippi Gulf Coast* (William Morrow, 2006).

A recuperação da cidade é monitorada pelo Greater New Orleans Community Data Center em uma ampla série de relatórios, "The New Orleans Index".

Ivan Miestchovich relatou à National Public Radio suas previsões sobre o futuro da cidade em "New Orleans Suburbs Rise in Wake of Flood", programa levado ao ar em *Weekend Edition*, 18 de março de 2007.

CAPÍTULO 3

A angustiante viagem de Abdi Salan Mohammed Hassan de Mogadício até Lampedusa foi relatada por Jeff Israely em "The Desperate Journey", *Time*, 14 de dezembro de 2003.

Os estrategistas militares do Reino Unido apresentam sua visão do futuro na terceira edição de "Strategic Trends" (2006), relatório preparado pelo Centro de Desenvolvimento, Conceitos e Doutrina do Ministério da Defesa. Nos Estados Unidos, 11 almirantes e generais aposentados contribuíram para o "National Security and the Threat of Climate Change" (2007), relatório da CNA, instituição de pesquisas da Virginia.

O relatório da Christian Aid, "Human Tide: The Real Migration Crisis" (2007), prevê uma explosão de refugiados de crises provocadas por problemas climáticos até o ano de 2050.

Fabrizio Gatti relata sua experiência no centro de detenção de Lampedusa à revista italiana *L'espresso:* "Io, Clandestino a Lampedusa", 8 de outubro de 2005.

A época de Ian Cobain como membro do partido político de Nick Griffin é descrita em "The *Guardian* Journalist Who Became Central London Organiser for the BNP", *Guardian*, 21 de dezembro de 2006.

O cruzamento entre ambientalismo e extrema direita está descrito por Jonathan Olsen, em *Nature and Nationalism: Right-Wing Ecology and the Politics of Identity in Contemporary Germany* (Palgrave Macmillan, 1999).

James Lovelock expõe sua visão apocalítica da mudança climática em *A Vingança de Gaia* (Intrínseca, 2006).

O contra-almirante Chris Parry fez seus comentários no Royal United Service Institute. Seus comentários foram citados em um artigo do London Sunday *Times*, "Beware: The New Goths Are Coming", 11 de junho de 2006.

O espectro de uma Junta Verde é suscitado por Peter Wells em "The Green Junta: Or, Is Democracy Sustainable?" *International Journal of Environment and Sustainable Development* 6, n. 2 (2007).

CAPÍTULO 4

A interação entre malária e povoamento da Amazônia é descrita por Marcia Caldas de Castro et al. em "Malaria Risk on the Amazon Frontier", *Proceedings of the National Academy of Sciences* 103, n. 7 (2006), e por Burton H. Singer e Marcia Caldas de Castro em "Agricultural Colonization and Malaria on the Amazon Frontier", *Annals of the New York Academy of Sciences* 954 (2001).

As pesquisas da Amazônia peruana citadas por Jonathan Patz foram publicadas em Amy Vittor et al., "The Effect of Deforestation on the Human-Biting Rate of *Anopheles Darlingi*, the Primary Vector of Falciparum Malaria in the Peruvian Amazon", *American Journal of Tropical Medicine and Hygiene* 74, n. 1 (2006).

A história do colapso de Merrill Bahe e da busca do vírus que o matou é contada por Denise Grady em "Death at the Corners", *Discover*, dezembro de 1993; e por Laurie Garrett em "The War Between Man and Microbe", *Independent*, 10 de setembro de 1995.

As correlações entre peste e clima no Cazaquistão são descritas em Nils Christian Stenseth et al., "Plague Dynamics are Driven by Climate Variation", *Proceedings of the National Academy of Sciences* 103, n. 35 (2006).

O Grupo de Trabalho II do Painel Intergovernamental sobre Mudança Climática apresenta uma visão geral da mudança climática sobre a saúde humana no Capítulo 8 do relatório "Climate Change 2007: Impacts, Adaption and Vulnerability" (2007). O Centro de Saúde e Meio Ambiente Global da Faculdade de Medicina de Harvard aborda o assunto no relatório "Climate Change Futures: Health, Ecological and Economic Dimension", organizado por Paul Epstein e Evan Mills (2005).

Os comentários de Rafaella Angelini apareceram em Elisabeth Rosenthal, "As Earth Warms Up, Tropical Virus Moves to Italy", *The New York Times*, 23 de dezembro de 2007.

Paul Epstein descreve o atual surgimento de doenças em "Climate Change and Public Health: Emerging Infectious Diseases", *Encyclopedia of Energy*, v. 1 (Elsevier, 2004).

As teorias de William Ruddiman sobre desmatamento e a Pequena Idade do Gelo foram apresentadas em *Plows, Plagues, and Petroleum: How Humans Took Control of Climate* (Princeton University Press, 2005).

Daniel Nepstad apresentou suas previsões sobre o futuro da Amazônia em "The Amazon's Vicious Cycles: Drought and Fire in the Greenhouse", relatório de 2007 para o World Wide Fund for Nature.

A associação entre malária e pobreza é explorada por Jeffrey Sachs e Pia Malaney em "The Economic and Social Burden of Malaria", *Nature* 415, n. 7 (2002).

As previsões de John Podesta e Peter Ogden sobre o impacto da doença em países pobres apareceram em "The Security Implications of Climate Change". *Washington Quarterly* n. 1 (2007).

CAPÍTULO 5

O uso, por Pascal Yiou, dos registros de colheitas para monitorar a temperatura foi descrito em Isabelle Chuine et al., "Grape Ripening as a Past Climate Indicator", *Nature* 432 (2004).

Gregory Jones et al. resumem suas pesquisas em "Climate Change and Global Wine Quality", *Climatic Change* 73 (2005), e em "Climate Change: Observations, Projections, and General Implications for Viticulture and

Wine Production", artigo apresentado originalmente por Jones no Climate and Viticulture Congress em Zaragoza, Espanha, 10–14 de abril de 2007, e publicado nas atas do congresso.

O perfil de Robert Parker foi traçado por William Langewiesche em "The Million Dollar Nose", *Atlantic*, dezembro de 2000.

A pesquisa de Kim Nicholas Cahill sobre clima e agricultura pode ser encontrada em David B. Lobell et al., "Historical Effects of Temperature and Precipitation on California Crop Yields", *Climatic Change* 81 (2007), e em Lobell et al., "Impacts of Future Climate Change on California Perennial Crop Yields: Model Projections with Climate and Crop Uncertainties", *Agricultural and ForestMeteorology* 141 (2006).

Um cenário catastrófico para o setor vinícola dos Estados Unidos e da Califórnia apareceu em M. A. White et al., "Extreme Heat Reduces and Shifts United States Premium Wine Production in the 21st Century", *Proceedings of the National Academy of Sciences* 103, n. 30 (2006).

CAPÍTULO 6

Parte deste capítulo usa uma reportagem que fiz para a revista *Monocle*, "Frozen Assets – Norway", artigo publicado em abril de 2007. Angus e Bernice MacIver fazem um adorável relato de sua cidade natal em *Churchill on Hudson Bay* (Churchill Ladies Club, 1982).

O Grupo de Trabalho II do Painel Intergovernamental sobre Mudança Climática aborda o Ártico no Capítulo 15 de seu relatório "Climate Change 2007: Impacts, Adaption and Vulnerability" (2007). Um relatório de 2004 pelo Arctic Climate Impact Assessment, "Impacts of a Warming Arctic", aborda a região mais detalhadamente.

O elogio de Barry Lopez ao Polo Norte, *Arctic Dreams* (Vintage, 2001), explora a história da região.

Roger Swanson comemorou o sucesso da travessia da Passagem Noroeste em Douglas Belkin, "As Arctic Ice Melts, Northwest Passage Beckons Sailors", *Wall Street Journal*, 13 de setembro de 2007.

A explicação de Bill Graham, ministro da Defesa canadense, dos motivos que o levaram à Ilha de Hans apareceu em Alexander Panetta, "Hands Off Hans Island: Graham to Denmark", *The Canadian Press*, 22 de julho de 2005.

As preocupações sobre transporte e derramamentos de óleo no Ártico foram expostas por Mike Byers em "Canada Must Seek Deal with U.S.: Vanishing Ice Puts Canadian Sovereignty in the Far North at Serious Risk", *Toronto Star*, 27 de outubro de 2006.

CAPÍTULO 7

Sanjoy Hazarika relata seu encontro com a família de Bangladesh e o relato do massacre em Nellie em *Rites of Passage: Border Crossings, Imagined Homelands, India's East and Bangladesh* (Penguin Books India, 2000).

O Grupo de Trabalho II do Painel Intergovernamental sobre Mudança Climática explora o impacto da mudança climática nas geleiras do Himalaia no Capítulo 10 do relatório "Climate Change 2007: Impacts, Adaption and Vulnerability" (2007).

Sabihuddin Ahmed expressou suas preocupações com o impacto da inundação em Bangladesh em "For My People, Climate Change Is a Matter of Life and Death", *Independent*, 15 de setembro de 2006.

Uma análise dos problemas do nordeste foi realizada por Sanjib Baruah en "Postfrontier Blues: Toward a New Policy Framework for Northeast India" (2007), relatório para o East-West Center, em Washington.

Brahma Chellaney delineia os possíveis impactos da mudança climática no Sul da Ásia em "Climate Change and Security in Southern Asia: Understanding the National Security Implications", *RUSI Journal* 152, n. 2 (2007).

A necessidade de treinar tropas americanas para oferecerem ajuda humanitária foi prevista em Podesta e Ogden, "The Security Implications of Climate Change".

Uma boa visão geral da situação na Caxemira pode ser encontrada em Navnita Chadha Behera, *Demystifying Kashmir* (Brookings Institution Press, 2007).

O general-de-divisão Akbar Khan apresenta sua versão da Primeira Guerra Mundial na região em *Raiders in Kashmir: Story of the Kashmir War, 1947–48* (Pak Publishers, 1970). A tese de Musharrafé é descrita em um relatório elaborado pelo Strategic Foresight Group, "The Final Settlement: Restructuring India-Pakistan Relations" (2005), que lista a água como um importante fator propulsor do conflito. As citações pela imprensa jihadi foram compiladas por Praveen Swami em "Plot against

Peace" na revista indiana *Frontline*. A importância da água no conflito da Caxemira é explicada por Erin Blankenship em "Kashmiri Water: Good Enough for Peace?", relatório preparado para as Conferências Pugwash.
Arjimand Hussain Talib explora o impacto da mudança climática na Caxemira em um relatório para a ActionAid: "On the Brink?: A Report on Climate Change and its Impact in Kashmir" (2007).
Os desafios do Paquistão em relação à água foram descritos em "Asian Water Development Outlook 2007", do Asian Development Bank.

CONCLUSÃO

Os primeiros parágrafos deste capítulo baseiam-se em um artigo para a revista *Fortune* em 30 de agosto de 2007.
Em *The Economics of Climate Change: The Stern Review* (Cambridge University Press, 2007), Nicholas Stern descreve por que é mais barato deter a mudança climática do que suportar suas consequências.
William James Burroughs contrasta a calma relativa dos últimos oito mil anos com as dramáticas variações de eras anteriores em *Climate Change in Prehistory: The End of the Reign of Chaos* (Cambridge University Press, 2005).
O Center for Strategic and International Studies e o Center for a New American Security apresentam sua visão de futuro no filme "Mad Max" em Kurt M. Campbell et al., "The Age of Consequences: The Foreign Policy and National Security Implications of Global Climate Change" (novembro de 2007). Em *Six Degrees: Our Future on a Hotter Planet* (National Geographic, 2008), Mark Lynas explicita o que sucessivas elevações nas temperaturas poderiam significar para nosso planeta e para nossa civilização.
Peter Schwartz e Doug Randall exploram o futuro sob uma mudança climática catastrófica e repentina no relatório para a Global Business Network, "An Abrupt Climate Change Scenario and Its Implications for United States National Security" (2003).

ÍNDICE

A
Abdalla, Hilal, 5
Abdu, Mariem Omar, 11-12
Abdulkarim, Zahara, 12
ActionAid, 172
África, 57, 100, 103, 126
Agência Espacial Europeia, 144
Ahmed, Sabihuddin, 157
Ajuda humanitária, 176-178
Albright, Madeleine, 153
Alemanha, 114, 118, 123
Alergias, 102
Alessandri, Angelo, 64-66
Algéria, 16
Ali, Nassar, 171, 172, 173
All Assam Students' Union, 160-162, 165
Allstate Insurance, 38
Amazônia, 83-90, 98
    desmatamento, 84-90, 91
    malária, 86-90, 100-104
América Latina, 174
    vide também Brasil
American International Group, 39
Amundsen, CCGS, 141-144
Amundsen, Roald, 141, 144
Anderson, Ashley, 105-107, 108
Angelini, Rafaella, 96
Anopheles darlingi, 86-90
Antoine, Max, 18
Aquecimento descontrolado, 186-187
Artic Dreams (Lopez), 140

Ásia Central, 16, 94
Asma, 102
Assam Agitation, 160-162
Atlântico Norte, 13
Austrália, 58, 77, 95, 126, 183
Áustria, 76
Axworthy, Lloyd, 154
Azar, Safia, 167

B
Bahe, Merrill, 90-91
Baker, Anderson, 46-47
Baleias beluga, 135, 141
Ban Ki-moon, 23
Banco de Desenvolvimento da Ásia, 174
Banco Mundial, 103, 157
Bangladesh, 95, 177
    emigração para a Índia, 155-165
    fronteira entre Índia e, 156, 159-160
    insucesso das colheitas, 164
    inundações, 156-157, 175-176, 183
Barber, David, 143-146
Bard College, 160
Barnbrook, Richard, 67-68, 70
Barnes, Lee, 71-73, 79-80
Baruah, Sanjib, 160
Bélgica, 76, 114
Bergh, Chris, 31-32
Bhattacharya, Samujjal, 165
Big Pine Key, 31-33

Blair, Tony, 71, 81
Bolívia, 16
Bósnia e Herzegovina, 13, 16
Bossi, Umberto, 63
Brandborg, Terry e Sue, 126-129
Brasil, 83-90
    desmatamento, 84-90, 99-100
    malária, 86-90, 100-104
    Manaus, 83
    poluição, 84, 99
    Rondônia, 85-90
British National Party (BNP), 67-81
    renovação, 69-71
Brockovich, Erin, 64
Buchanan, Robert, 132
Buffett, Warren, 39
Burma, 157
Burroughs, Tim, 11
Bush, George W., 152
Butão, 157
Byers, Michael, 25, 152

C
Cabot, John, 139
Cahill, Kim Nicholas, 119-121
Cain Vineyard and Winery, 105-112, 123
Calazar, 101
Califórnia, setor vinícola, 105-112, 117-126
    regiões climáticas, 123
Canadá
    conflitos no Ártico, 149-154
    recursos naturais, 147
    vide também Churchill, Manitoba
Canvey Island, 78-81
Carbono armazenado na biomassa, 99-100
Cardiff University, 78
Caribe, 16
Cazaquistão, 94
Caxi, 165-173
    água e conflito na, 168-174, 178-179
    armas nucleares e, 177-178
    Barragem de Baghliar, 171-172, 173

    descrição, 165-166
    insurgência, 166-168, 169-171, 178-179
    regiões da, 169
Center for a New American Security, 187
Center for American Progress, 104, 176
Center for Strategic and International Studies, 187
Centers for Disease Control and Prevention, 91
Centro Cultural do Ártico, 148
Centro de Pesquisas Políticas, 160, 178
Chade, 16
    Adré, 7-8
    Bahai, 11
    Oure Cassoni, 10-13
Chehalem, vinícola, 115-119
Chellaney, Brahma, 160
China, 157
    armazenamento de água, 175
    aumento dos conflitos, 15
Christian Aid, 60
Christian Science Monitor, 11
Church of God em Key West, 41-43
Churchill on Hudson Bay (MacIver and MacIver), 131
Churchill, Manitoba, 131-142
    descrição, 131, 133
    história, 135-137
    porto, 134, 136-138, 141-142, 153
Ciclone Sidr, 158
Cigarrinha (*Homalodisca vitripennis*), 125
Climate Group, 40
Clinton, Bill, 77, 178
CNA Corporation, 59-60
Coalizões Camufladas, 75
Cobain, Ian, 69
Cólera, 99
Colômbia, 16
Columbia University, 103
Confalonieri, Ulisses, 100, 101
Congo, 16
Conrad, Joseph, 71

Coração das Trevas (Conrad), 71
Cornell University, 126
Corrente do Golfo, 146, 148
Cotton College, 155
Créditos de carbono, 181
Cruz Vermelha, 60, 62

D
de Waal, Alex, 5-6
Darfur, 2, 5-17, 23-25, 60, 102, 175
Dengue, 95, 96
Deserto do Saara, 11, 13, 16, 17
Desmatamento
    no Brasil, 84-90
    na Europa, 97-98
    no Haiti, 18-23
    na Malásia, 95
Diarreia, 102
Dinamarca, 114, 149, 153
Dinastia Yuan, 15
Dióxido de carbono, 73, 121, 181-189
    estilo de vida ocidental e, 74, 75
    variação nos níveis de, 97-99
Dióxido de nitrogênio, 85
Direito do Mar, 150-151, 152
Doença de Lyme, 96
Doenças transmitidas por roedores, 90-94
Doenças, 73
    aumento da faixa de ação, 93-96, 125-126
    hantavírus, 90-93
    malária, 86-90, 94, 100-104
    nas Américas, 98-99
    peste bubônica, 94, 104
Duke, David, 70
Dunn, Randy, 118, 119

E
Earth Institute, 103
Ehrlich, Paul, 74
El Niño, 92, 101

Epstein, Paul, 94, 96
Escala de Furacões de Saffir-Simpson, 33
Espanha, 51, 125
Estados Unidos
    ajuda humanitária, 176-178
    Comando Central dos Estados Unidos, 176, 177
    Departamento de Energia dos Estados Unidos, 50
    Departamento de Estado dos Estados Unidos, 12
    furacão Katrina, 44-53
    imigração ilegal, 59-60
    Passagem Noroeste e, 150-154
    seca, 174-175
    United States Geological Survey, 147
Europa
    desmatamento, 97-98
    ver também Países específicos
Experimento de Grande Escala da Biosfera-Atmosfera na Amazônia, 84

F
Fabricom, 148
Faculdade de Medicina de Harvard, 94
Fearnside, Philip, 99
FEMA, 45
Fetterly, Lyle, 134, 137-138
Filipinas, 95
Fillippi, Vicenza, 64
Financial Times, 113
Florida Keys, 27-43, 48-49
Flórida, 48-49, 101
Forbes, 136
França, 68, 76, 101
    setor vinícola, 112-115, 118, 125
Franklin, John, 140
Freggi, Daniela, 56
Frente Nacional (França), 68
Frontline, 171
Fundação Oswaldo Cruz, 100
Furacão Andrew, 48

Furacão Catarina, 51
Furacão Emily, 34
Furacão Jeanne, 17
Furacão Katrina, 1, 14, 34
    consequências, 44-53, 176
    descrição, 18-19, 22
    economia, 37-38
    furacões, 37
    seguros, 38-53
Furacão Vince, 51
Furacão Wilma, 34-36, 43

G
Gabão, 95
Galveston, Texas, 36
Gana, 16, 183
Ganguly, Sumit, 179
Gatti, Fabrizio, 61
Geleiras, 156, 168-169, 172-173, 174, 178
Gelo. *Ver* Região do Ártico
Genocídio, 6, 81
Ghazwa, 171
Giannini, Alessandra, 13
Gillis, Ellis e Baker, 46-47
Gilman, Nils, 16, 174
Global Business Network, 16, 174
Globalização, 78
Goodall, Jane, 74
Gore, Al, 1
Grady, Denise, 90, 91
Graham, Bill, 149
Grant, Madison, 73
Grécia, 57
Griffin, Nick, 69-71, 73, 75, 78-81
Gripe Navajo, 90-91
Groenlândia, 145, 149
Grusin, Richard, 27, 28, 30
Guardian (Londres), 69
Gué, Joanas, 22
Guerra nuclear, 177-178
Gulmarg, 172

H
Haider, Jörg, 76
Haiti, 17-23, 77
    barragem Lac de Péligre, 19-22
    descrição, 18-19, 22
Hantavírus, 90-93, 96
Harley-Davidson, 83
Harper, Stephen, 150
Hartwig, Robert, 48
Harvard University, 103
Hassan, Abdi Salan Mohammed, 58-59
Hazarika, Sanjoy, 156, 162
Healy, USCGC, 152
Held, Isaac, 13
Hilal, Musa, 6, 7, 24
Himalaia, 155, 156, 168-169
Hish, Andrew, 42-43
Holanda, 183
Homer-Dixon, Thomas, 17, 24
Howell, Chris, 105-112
Hudson, Henry, 140
Hudson's Bay Company, 135
Huebert, Rob, 147, 151, 153
Human Ecology, 15
Hunter Farms, 120-121

Ibrahim, Bilal Abdulkarim, 8
Ilha de Hans, 149
    ambientalismo e, 68-78
    desafio da, 59-61
Imigração
    assimilação e, 78
    na Índia, 155-165
    na Inglaterra, 67-81
    na Itália, 57-67
    outras crises e, 79-81
    políticas de, 66, 75-81
Incêndios florestais, 84-85, 95, 99, 100, 102, 115, 126
Independent (Londres), 157
Índia, 104, 155-179
    Caxemira. *Ver* Caxemira
    Cherrapunji, 158-159

fronteira entre Bangladesh e, 159-160
imigrantes de Bangladesh na, 155-165
região nordeste, 157-158
Indonésia, 16, 95, 104
Infecções respiratórias, 102
Inglaterra, 125
ambientalismo, imigração e, 68-78
nacionalismo, 71-73, 75
problema da imigração, 67-81
setor vinícola, 123-124
Instituto de Medicina, 91
Insurance Information Institute, 48
International Alert, 16
International Crisis Group, 10
International Journal of Environment and Sustainable Development, 78
International Organization for Migration, 62
International Rescue Committee, 11
Irã, 16
Israel, 16
Itália, 69, 76, 95, 101, 125
ver também Lampedusa, Itália
Jammu, 169-171, 172
ver também Cashemira

J, K, L
Jenks, Jorian, 72
Jensen, Arvid, 146
Jones, Gregory, 118, 119, 121-124
Jora, Nawang Rigzin, 169
Jovelino Santino dos Santos, 88-90, 100
Kakoty, Sanjeeb, 158-159, 161-162
Key West, 27-43, 48
Khan, Akbar, 170
Kidder, Tracy, 20
Kosovo, 13
Ku Klux Klan, 70
L'espresso, 62
Laboratoire des Sciences du Climat et de l'Environnement, 112
Ladakh, 169

Lampedusa, Itália, 55-67
imigração ilegal, 57-67
novo centro de recepção, 63-66
perigo da migração para, 58-59
tartarugas, 55-57
tratamento dispensado aos imigrantes, 61-63
Lawrence Berkeley, Laboratório Nacional, 50
Le Pen, Jean-Marie, 68, 76
Líbia, 57, 58, 76
Liga do Norte (Itália), 63-67, 68
Lindvik, Tonje Bye, 148
Lopez, Barry, 140
Louisiana, 34, 38
Lovelock, James, 73
Luizão, Flávio, 84, 85
Lynas, Mark, 189

M
MacIver, Angus e Bernice, 131, 136, 139
Malaney, Pia, 103
Malária, 86-90, 94-95, 100-104
Malásia, 95, 104
Mal-de-Pierce, 125
Malone, Richard, 90
Mar Mediterrâneo, 55-67
Maraventano, Angela, 63-66
Maria Aparecida dos Santos, 88-89
Mathieu, Philippe, 19
Matricardi, Eraldo, 86, 90
McDougall, Rosamund, 74
McKinley, Brunson, 60-61
Metano, 96-97
México, 34, 95
imigração ilegal, 60
Miami Herald, 43
Miestchovich, Ivan, 50
Milícia *Janjaweed*, 6-17, 23-25
Mills, Evan, 50
Miragliatta, Federico, 63
Mirza, Monirul, 169

Mississippi, 34
Modelos de computador, 185
Monóxido de carbono, 85
Monte Pinatubo, 144
Morse, Stephen, 91
Mosquito, 86-90, 94-95, 100-104
Mother Earth, 72
Mountain Beyond Mountains (Kidder), 20
Movimento Verde, 68-78
Mowbray, Becky, 49, 50
Mozersky, David, 10
Muçulmanos, 61, 68, 159
   em Bangladesh, 159-165
   em Darfur, 5-14
   na Caxemira, 165-174
Muir-Wood, Robert, 40
Munck, Jens, 139-140
Musharraf, Pervez, 170-171

N
Nações Unidas (ONU)
   Convenção sobre Direito do Mar, 150-151
   Alto Comissariado para Refugiados, 62, 66
   Conselho de Segurança, 16
   PNUMA, 15, 23
   forças de paz da ONU, 18, 24
National Flood Insurance Program, 48
National Marine Sanctuary, 31
National Oceanic and Atmospheric Administration, 13
National Public Radio, 50
National Weather Service, 35
   Desastres naturais, 76
Nature Conservancy, 29, 31, 32
Nature, 103
Nazistas, 72-73
Nelson, John, 51-53
Nepal, 157
Newsweek, 38

Nigéria, 16, 94
Nokia, 83
Noruega, 146-149
   arquipélago Svalbard, 149
   disputa com a Rússia, 149
   Hammerfest, 146-147, 148
   recursos naturais, 146-149
   Stavanger, 148
Nova Inglaterra, 38
Nova Orleans, 34, 41
   consequências do furacão Katrina, 44-53
Novo México, 90-94, 96
Nyetimber, 124

O
Office Depot, 47
Ogden, Peter, 104, 176-177
Olsen, Jonathan, 72-73
OmniTRAX, 136, 138, 153
Ondas de calor em 2003, 102, 113-116
Optimum Population Trust, 74
Organização Mundial da Saúde, 96, 102
Osman, Halime Hassan, 7
Oxfam-Québec, 19
Ozônio, 85

P
Painel Intergovernamental sobre Mudança Climática, 1, 95, 156, 164, 168, 185
Paquistão, 159, 160, 176, 183
   Caxemira e, *ver* Caxemira
   produção de alimentos no, 170-171, 173-174, 178-179
   tensões internas no, 174
Parker, Robert, 119
Parry, Chris, 59, 78
Partido Conservador (Inglaterra), 71
Partido Trabalhista Britânico, 68, 70-71
Partido Verde (Inglaterra), 74

Pasquale, David, 28
   infecção por estafilococo, 30-31
Passagem do Norte, 139-141
   status internacional, 150-154
   totalmente navegável, 144-146
Passing of the Great Race, The (Grant), 73
Pastores Fulani, 16
Patar, Kamal, 163-165
Pattanayak, Subhrendu, 104
Patz, Jonathan, 87
Pequena Idade do Gelo, 15, 98, 99, 113
Pereira da Silva, Luiz Hildebrando, 87, 101
Peru, 16, 86-87
Peste bubônica, 94, 104
Peterson-Nedry, Harry, 115-118, 119, 122, 128
Petro Artic, 147
Pfundheller, Brent e Jan, 12
Plasmodium falciparum, 95
Plows, Plagues, and Petroleum (Ruddiman), 98
Podesta, John, 103-104
Polar Bears International, 132
Polar Sea, USCGC, 151
Polo Norte, 145, 151
Polônia, 114
Poluição no Brasil, 84, 99
Population Bomb, The (Ehrlich), 74
Povo Chipewyan, 135
Povo Inuit, 144, 149, 151
Prêmio Nobel, 185
Projeto Branca de Neve, 147, 148

Q, R
Quênia, 104
Radcliffe, Cyril, 159
Rahman, A. Atiq, 164
Rahmstorf, Stefan, 32
Recursos naturais, 146-149
Red Crescent, 157
Reflorestamento, 18, 21-23, 182

Região do Ártico, 131-154, 183-184
   disputas nas fronteiras, 149-154
   ecossistema, 153
   exploração, 139-141
   gelo do mar, 145-146
   recursos naturais, 146-149
   rota polar para aviões, 152-153
   totalmente navegável, 144-146
   ver também Churchill, Manitoba; Noruega
República Centro-Africana, 16
República Dominicana, 17-18, 22
Revista *Discover*, 90
Revolução Industrial, 1
Revolução laranja, 80
Ringler, Claudia, 23
Rio Brahamputra, 155-157, 169, 175
Rio Colorado, 175
RMS (Risk Management Solutions), 40
Robinson, Jancis, 113-114
Rockefeller University, 91
Rosato, Paige, 44-45
Royal Botanic Garden, 83
Royal College of Defense Studies, 170
RTI International, 104
Ruddiman, William, 96-99
Rússia, 102, 145
   disputa no Ártico, 149, 151-152

S
Sachs, Jeffrey, 103
Sahel, 13, 16, 17
Santos, Ernaldo Cunha, 102-103
Sarampo, 99
Schwartz, Peter, 14
Science, 50
Seca, 115, 126, 174, 183
   na Amazônia, 100-101
   em Darfur, 5-8, 102
Seringueiras, 83-84
Setor viícola do Vale de Williamette, 115-119, 128

Setor vinícola do Oregon, 115-119, 124, 126-129
Setor vinícola, 105-129
    na Califórnia, 105-112, 117-126
    na França, 112-115, 118, 125
    no Oregon, 115-119, 124, 127-129
Shockley, Raymond, 42-43
Sierra Club, 74
Silvino, Paula, 62
Sinha, Srinivas Kumar, 161
Social Science Research Council, 6
Somália, 16
Sony, 83
Sotheby's, 118
Sotinho, Lurdes, 89
Southern Oregon University, 118
Spence, Randy, 141
Stanford University, 119, 126
Statoil, 147
Steiner, Achim, 15
Stenseth, Nils Christian, 94
Stern, Gary, 142
Stern, Nicholas, 186
Stock Island, 36-37
Strahan, Matt, 35-37
Sudão, 2, 5-17, 23-25, 60, 183
Sul da Ásia, 126, 175-176
    ver também Bangladesh; Índia
Sundarbans, Parque Nacional, 157
Superpopulação, 73-75
Swami, Praveen, 171
Swanson, Roger, 144-145
Swift, Ed, 37
Swiss Re, 38, 39

T
Talib, Orjimand Hussain, 172
Talukdar, Manoj, 155
Tarigami, Mohammad Yusuf, 170
Tartarugas marítimas gigantes, 55-57
Teoria de Gaia, 73
Texas, 34, 36, 38

Thatcher, Margaret, 71
The New York Times, 96, 162
Thomas, Jody, 29, 31-33
Tibet, 155, 175
Tifo, 99
Time, 58
Times-Picayune (Nova Orleans), 49
Toronto Star, 152-153
Tratado de Águas do Indo, 178
Tribo Tiwa, 162
Tunísia, 57, 58

U
Uganda, 104, 181
União Britânica de Fascistas, 72
University of California, Davis, 123
University of Kashmir, 171
University of Virginia, 96
University of Hong Kong, 14
University of Manitoba, 142, 143
University of New Orleans, 49
University of Oslo, 94
University of Toronto, 169
University of Waterloo, 17
University of Wisconsin, 87
University of New Mexico, 91
University of British Columbia, 25, 152
University of Calgary, 147
Ursos polares, 132, 138

V, W
Vale do Umpqua, 126-129
Varíola, 99
Verghese, B. G., 178
Vinhedos do Vale do Napa, 105, 109, 118, 121
Vinícolas do Vale de Sonoma, 105, 109
Vírus *chikungunya*, 96
Vírus do Nilo Ocidental, 95, 101
Vírus Ebola, 95, 96

Vírus nipah, 96
Vlaams Belang, 76
Walker, Chris, 38, 40
Wall Street Journal, 144-145
Walsoe, Bjorn, 149
Wardlow, Billy, 34, 43
Washington Post, 23
Washington Quarterly, 104
Waslekar, Sundeep, 170
Wells, Peter, 78
White, Michael, 57
Winans, Chris, 39

Wolfe, David, 126
World Atlas of Wine, 114
World Wide Fund for Nature, 56, 73

Y, Z
Yiou, Pascal, 113
Zakaria, Fatum Issac, 8
Zhang, David, 15
Zimbabwe, 104
Zinni, Anthony, 176-178

Cadastre-se e receba informações sobre nossos lançamentos, novidades e promoções.

Para obter informações sobre lançamentos e novidades da Campus/Elsevier, dentro dos assuntos do seu interesse, basta cadastrar-se no nosso site. É rápido e fácil. Além do catálogo completo on-line, nosso site possui avançado sistema de buscas para consultas, por autor, título ou assunto. Você vai ter acesso às mais importantes publicações sobre Profissional Negócios, Profissional Tecnologia, Universitários, Educação/Referência e Desenvolvimento Pessoal.

Nosso site conta com módulo de segurança de última geração para suas compras.
Tudo ao seu alcance, 24 horas por dia.
Clique www.campus.com.br e fique sempre bem informado.

www.campus.com.br
É rápido e fácil. Cadastre-se agora.

Outras maneiras fáceis de receber informações sobre nossos lançamentos e ficar atualizado.

- ligue grátis: **0800-265340** (2ª a 6ª feira, das 8:00 h às 18:30 h)
- preencha o cupom e envie pelos correios (o selo será pago pela editora)
- ou mande um e-mail para: **info@elsevier.com.br**

Nome: _____
Escolaridade: _____ ☐ Masc ☐ Fem Nasc: __/__/__
Endereço residencial: _____
Bairro: _____ Cidade: _____ Estado: _____
CEP: _____ Tel.: _____ Fax: _____
Empresa: _____
CPF/CNPJ: _____ e-mail: _____
Costuma comprar livros através de: ☐ Livrarias ☐ Feiras e eventos ☐ Mala direta ☐ Internet

Sua área de interesse é:

☐ **UNIVERSITÁRIOS**
☐ Administração
☐ Computação
☐ Economia
☐ Comunicação
☐ Engenharia
☐ Estatística
☐ Física
☐ Turismo
☐ Psicologia

☐ **EDUCAÇÃO/ REFERÊNCIA**
☐ Idiomas
☐ Dicionários
☐ Gramáticas
☐ Soc. e Política
☐ Div. Científica

☐ **PROFISSIONAL**
☐ Tecnologia
☐ Negócios

☐ **DESENVOLVIMENTO PESSOAL**
☐ Educação Familiar
☐ Finanças Pessoais
☐ Qualidade de Vida
☐ Comportamento
☐ Motivação

20299-999 - Rio de Janeiro - RJ

O SELO SERÁ PAGO POR
Elsevier Editora Ltda

CARTÃO RESPOSTA
Não é necessário selar

Cartão Resposta
0501 20048-7/2003-DR/RJ
Elsevier Editora Ltda
CORREIOS

Impressão e acabamento
Imprensa da Fé